国家骨干高职院校建设
机电一体化技术专业（能源方向）系列教材

煤矿自动化生产线的安装、调试与维护

王景学　主　编

温玉春　韩晓雷　张国瑞　副主编

袁　广　主　审

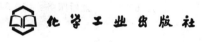

化学工业出版社

·北京·

本书从能源类企业职业岗位出发，按照项目导向、任务驱动的原则，共设置了综采设备变频调速控制电路的安装及调试和煤矿自动化生产线设计、安装及调试两大任务六个子任务。任务由浅入深、从相关知识点到技能训练，将煤矿自动化生产线的核心技术：传感器应用技术、PLC应用及网络控制技术、变频器控制技术、触摸屏技术等融为一体。

　　本书透彻地阐述了变频器的基本工作原理、常用参数的设置、常用矿用传感器工作原理、安装接线、PLC N∶N 通信网络及程序编制、触摸屏人机界面的安装及调试等内容，同时包括技术拓展内容PROFIBUS技术。

　　本书可作为高职高专电气自动化、机电一体化等专业的项目化教材，也可作为广大自动化技术爱好者、求职者、职业培训人员的培训教材。

图书在版编目（CIP）数据

煤矿自动化生产线的安装、调试与维护/王景学主编． —北京：化学工业出版社，2014.5
国家骨干高职院校建设机电一体化技术专业（能源方向）系列教材
ISBN 978-7-122-19967-6

Ⅰ．①煤…　Ⅱ．①王…　Ⅲ．①煤矿-自动生产线-安装-高等职业教育-教材②煤矿-自动生产线-调试方法-高等职业教育-教材③煤矿-自动生产线-维修-高等职业教育-教材　Ⅳ．①TD63

中国版本图书馆 CIP 数据核字（2014）第 042381 号

责任编辑：李　娜　　　　　　　　　　　　　装帧设计：张　辉
责任校对：吴　静

出版发行：化学工业出版社（北京市东城区青年湖南街 13 号　邮政编码 100011）
印　　刷：北京永鑫印刷有限责任公司
装　　订：三河市宇新装订厂
787mm×1092mm　1/16　印张 12½　字数 310 千字　　2014 年 10 月北京第 1 版第 1 次印刷

购书咨询：010-64518888（传真：010-64519686）　售后服务：010-64518899
网　　址：http://www.cip.com.cn
凡购买本书，如有缺损质量问题，本社销售中心负责调换。

前　言

煤矿自动化生产线的安装、调试与维护课程是机电一体化技术专业（能源方向）的一门核心课程，以培养学生的知识性、技能性和实践性能力为原则，培养学生学习和掌握煤矿综采自动化系统的生产、管理和技术服务等的专业必修知识，提高学生综合运用机械技术、传感器应用技术、PLC应用及网络控制技术、变频器控制技术、触摸屏技术等多种技术的能力。使学生具备从事煤矿自动化生产线安装、操作、维护、调试、维修等所需的基本知识和操作技能，为学生的顶岗实习和持续发展打下良好的基础。

本书以煤矿自动化生产线安装、调试与维护就业岗位和未来发展岗位为培养目标，围绕煤矿自动化生产线安装、调试与维护所需的核心技术，针对就业岗位和发展岗位工作任务分析，依据在实际工作中出现的频率、重要性、所能承载的知识、技能程度，确定本课程的典型工作任务是综采设备变频调速控制电路的安装及调试、煤矿自动化生产线设计、安装及调试。

本书摒弃了理论单元和实践单元分阶段、先讲授后实验的教学模式，坚持任务式教学，注重实际动手能力的培养，强调在具体操作过程中学习理论基础。将企业典型工作任务引入教材，使学生在理论学习过程中与企业就业岗位零距离对接，充分体现了较强的职业岗位针对性。本书既强调了理论与实践的密切结合，又坚持了以技术应用领域实际需求为导向的知识体系。同时又抓住了高职高专教育教学的特点，从教学内容上较好地解决了"适度够用"的问题。本书特别适合机电一体化技术（能源方向）类专业学生使用。

本书由内蒙古机电职业技术学院王景学任主编，内蒙古机电职业技术学院温玉春、韩晓雷、张国瑞任副主编，内蒙古机电职业技术学院袁广教授任主审，参加本书编写的还有内蒙古机电职业技术学院的牛海霞、刘玲、苏月和内蒙古电子信息职业技术学院袁文博。

本书在编写过程中，得到了神华准格尔能源有限责任公司常俊等同志的帮助和支持，在此向他们表示衷心地感激。

由于编写时间仓促，书中难免存在缺点和疏漏，恳请广大师生及读者批评指正。

编者

目　录

绪　　论

　　高职院校是为企业培养高素质高技能型人才的摇篮，理论教学和实践教学是高职教育教学的主要内容，但传统教育模式将理论教学与实践教学分离，学生学习积极性不高，教学效果不理想，面对企业对毕业生提出的知识、能力和素质的综合要求，如何设计教育教学模式，激发学生自主学习兴趣，培养学生的创造力和再学习的能力，使学生走上工作岗位时能够符合岗位要求，成为了高职院校教育教学改革的重点课题。

一、指导思想

　　本课程坚持以国家骨干高职高专院校教育培养目标为依据，将专业建设"理实一体，双境育人"的培养模式引入到课程建设和教学实践中，围绕课程的核心知识和培养的核心技能，创建专业核心课程学习过程三个一体化（如图0-1所示），遵循"以应用为目的，以必需、够用为度"的原则，适应行动导向任务驱动教学法需求。深入企业调研后，组织行业和有关专家及本院专业教师对职业岗位进行职业能力分析，反复研讨后，根据由浅入深、由易到难、循序渐进的认识规律进行设计，在典型案例教学展示中，强调以学生发展为中心，把创新素质培养贯穿始终，注重学生应用能力的培养。

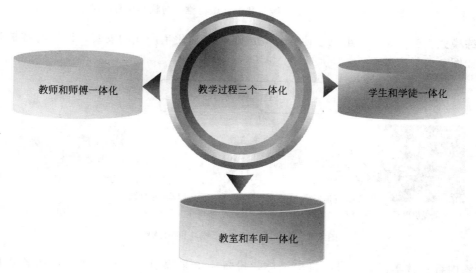

图 0-1　教学过程三个一体化示意图

二、教学设计

　　基本要求： 应具备煤矿自动化生产线实训设备，能够实现本课程教学过程的三个一体化，并且实现与专业核心课程的能力对接，为实现行动导向教学理念，应用任务驱动教学法搭建平台。

　　师资要求： 具有机电一体化专业综合知识，熟悉煤矿自动化生产线的核心技术，有较强的教学、实践和任务开展能力。

　　教学载体： 以煤矿自动化生产线为例，实现专业核心课程的一体化，如图0-2所示。

煤矿自动化生产线涵盖了机械技术、PLC 控制技术、传感器技术、变频技术、PLC 网络及通信技术等多种技术，可综合训练学生掌握自动化生产线的核心技术和综合运用能力，能够培养学生的创新能力和再学习能力。

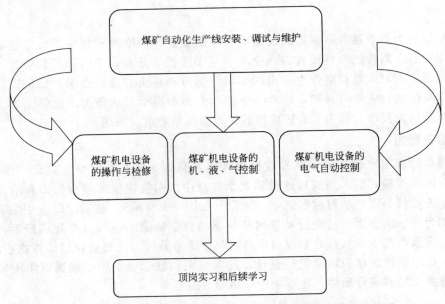

图 0-2　煤矿自动化生产线安装、调试与维护与核心课程的关系

训练模式： 5～10 人一组分工协作，完成煤矿自动化生产线的安装、调试与维护等工作任务（如图 0-3 所示）。

图 0-3　煤矿自动化生产线功能示意图

训练内容： 教学任务将煤矿机电一体化设备中的采煤机、液压支架、皮带输送机等设备应用的核心技术，变频器控制技术、PLC 控制技术、PLC 通信网络、传感器应用技术等综合训练，完成煤矿自动化生产线的安装、调试与维护任务。

职业资格证书： 训练内容包括了劳动和社会保障部颁发的职业资格证书"可编程序控制系统设计师"和"维修电工"等的标准要求。

第一篇 任务背景

任务 煤矿自动化生产线认知

任务目标

1. 理解煤矿自动化生产线的工作原理;
2. 掌握煤矿自动化生产线的组成结构和功能;
3. 了解煤矿自动化生产线的发展历程及发展前景。

任务描述

随着科学技术的发展,自动化生产线的应用日益广泛,既提高了劳动生产率又提高了产品的质量。煤矿井下采煤作业即综采自动化程度也在不断提高,煤矿自动化生产线是煤矿发展的目标。本任务对综采自动化系统过程、目标等内容,做了详解介绍。

一、了解自动化生产线及应用

1. 什么是自动化生产线

自动化生产线是产品生产过程所经过的路线,即从原料进入生产现场开始,经过加工、运送、装配、检验等一系列生产线活动所构成的路线,是在流水线的基础上发展起来的。它不仅要求线体上各种机械加工装置能自动地完成预定的各道工序及工艺过程,使产品成为合格的制品,而且要求在装卸工件、定位加紧、工件在工序间的输送、工件的分拣甚至包装等都能自动地进行。

自动化生产线实现生产任务自动化,是综合应用了机械技术、PLC控制技术、传感器技术、驱动技术、网络技术、人机接口技术等,通过一些辅助装置按工艺顺序将各种机械加工装置连成一体,并用可编程控制器控制液压、气压和电气系统将各个部分动作联系起来,完成预定的生产加工任务。

2. 自动化生产线的发展概况

(1) 工业自动化的发展历程 工业自动化是机器设备或生产过程在不需要人工直接干预的情况下,按预期的目标实现测量、操纵等信息处理和过程控制的统称。自动化技术就是探索和研究实现自动化过程的方法和技术。它是涉及机械、微电子、计算机等技术领域的一门综合性技术。自动化技术促进了工业的进步,已经被广泛地应用于机械制造、电力、建筑、交通运输、信息技术等领域,成为提高劳动生产率的主要手段。我国工业自动化发展大致经历了三个阶段。

① 发展初期,以单机自动化加工设备出现为标志。20世纪40年代至60年代初是工业自动化发展的初期,这一阶段主要是单机自动化加工设备出现。各种单机自动化加工设备

出现，并不断扩大应用。随着工业革命不断深入，市场竞争日益激烈，人工生产已经无法适应时代的要求，此时，工业自动化应运而生。这一时期的典型成果和产品即硬件数控系统的数控机床。

② 发展中期，以流水线工业化发展为标志。20 世纪 60 年代中期至 70 年代初期是工业自动化发展的中期，随着市场竞争的加剧，要求产品更新快，产品质量高，并适应大、中批量生产需要和减轻劳动强度，单机自动化已经适应不了时代发展的新要求，此时各种组合机床、组合生产线出现，同时软件数控系统出现并用于机床，CAD、CAM 等软件开始用于实际工程的设计和制造中，此阶段硬件加工设备适合于大、中批量的生产和加工。自动生产线是工业自动化发展到第二个阶段的主要标志，典型成果和产品：用于钻、镗、铣等加工的自动生产线。

③ 发展完善期，高科技技术的融合与提升。20 世纪 70 年代中期以后是工业自动化发展的完善时期，随着市场环境的变革，多品种、中小批量生产中普遍性问题愈发严重，要求自动化技术向其广度和深度发展，使其各相关技术高度综合，发挥整体最佳效能。这一阶段是一种实现集成的相应技术，把分散独立的单元自动化技术集成为一个优化的整体。同时，并行工程作为一种经营哲理和工作模式自 20 世纪 80 年代末期开始应用和活跃于自动化技术领域，并将进一步促进单元自动化技术的集成。典型成果和产品：柔性制造系统（FMS）。

（2）工业自动化发展的现状

① 信息化带动工业化。过去长期以来，传统产业的发展是与信息化发展隔离开的，自动化控制和信息系统被列为传统产业工业化范围，信息业则重点放在网络、通信等概念和产业上。实际上，信息化和传统工业之间有着相互提高和依存的关系。信息化和电子技术的应用可以大大提高工业生产自动检测水平和执行精确度及速度等，达到优化装置和过程的效果；网络通信技术应用可以把整个企业的资金、物流、生产装置状态、生产效率和能力信息等准确、全面、系统地提供给企业，为企业决策者和管理者提供实时和准确的决策，给用户提供管理和控制一体化系统和服务。信息化和工业化的结合必然为工业自动化产品制造和应用带来很大的发展市场空间。

② 传统工业结构和产业升级。提高工业体系结构的合理化，适应市场的需求，采用新技术，改造传统产业的生产过程，提高了生产效率和产品质量。而投资少、见效快的最佳途径就是采用先进的自动化控制技术来提升和改进传统生产过程。因计算机控制系统价格大幅度下降，企业采用各种适用的计算机控制系统来控制新建的工业生产装置和改造已有的装置，提高产品质量和方便应用与维护，特别是国产 DCS 的发展，为大规模应用计算机控制系统提供可行性。

（3）工业自动化的发展前景

① 工业智能化。所谓智能化表现在其具有多种新功能。在工业控制方面，过去控制的算法，只能由调节器或 DCS 来完成，如今一台智能化的变送器或者执行器，只要植入 PID 模块，就可以与有关的现场仪表连接在一起，在现场实现自主调节，从而实现控制的彻底分散，从而减轻了 DCS 主机的负担，使调节更加及时，并提高了整个系统的可靠性。

② 工业高精度化。由于工业生产对成品质量的要求日益提高，国家的政策和法令对节能减排也有具体的要求和规定，因此提高测量仪表与控制系统的精度就被提上了议事日程。例如变送器的精度，普遍从 0.75% 提高到 0.04%，用于贸易交换计量的科氏质量流量计，精度已达到 0.05%，部分气体超声波流量计的准确度已达到 0.5%，同时新一代的 DCS 也

以此作为一个重要的指标。

③ 工业无线化。现场总线本来是一种非常有前途的技术，理应得到迅速的推广，但由于国际标准过多，影响了推广，例如第一代总线型的现场总线的国际标准已达到 10 多种。加上第二代的实时工业以太网，其国际标准可能会有 20 多种，而第三代的总线通信方案又在兴起，而各跨国公司和有关组织都在制定各自的标准，IT 产业要求高产，稳定，优质，低耗，安全，环保，如果现场仪表能够实现通信无线化，电缆和维护的工作量都会大大减少，因此研发低功耗可靠的无线通信是当前的一个重要课题。

二、煤矿自动化生产线认知

煤炭行业是我国国民经济的基础产业，在国民经济和社会发展中具有相当重要的地位。我国是"富煤、贫油、少气"的国家，这一特点决定了煤炭将在一次性能源生产和消费中占据主导地位且长期不会改变。目前我国煤炭可供利用的储量约占世界煤炭储量的 11.67%，位居世界第三。我国也是当今世界上第一产煤大国，煤炭产量占世界的 35% 以上。采煤方法决定了煤矿企业的核心竞争力。目前，我国煤矿系统主要包括煤矿生产系统和安全系统，煤矿生产系统主要是指综采自动化系统。

1. 综采自动化系统概念

综采工作面自动化系统，是自动控制技术、传感器技术、计算机技术、设备工况监测及故障诊断技术、电液控制技术、直线控制技术、集中控制技术等多种自动化技术构成机电一体化的综合机械化采煤自动化系统。

综采工作面自动化系统设备主要包括采煤机、刮板输送机、液压支架、液压泵站、转载机、破碎机、带式输送机、移动变电站、组合开关等。

2. 综采自动化过程

在综采工作面系统中，采煤机、刮板输送机和液压支架用来组成工作面设备；端头支架维护输送机机头、机尾并支护端头空间围岩，超前支架进行两巷的超前支护；转载机机尾和工作面输送机机头为整体式结构，破碎机跨骑在转载机上，将工作面运来的煤破碎并转载到可伸缩带式输送机运出，带式输送机采用自移机尾，可随工作面推进自动移动并张紧；乳化液泵站为液压支架提供液压动力；喷雾泵站为采煤机、刮板输送机、转载机、破碎机电机提供冷却水和喷雾用的压力水。

3. 综采自动化目标

系统目标是：实现综采工作面生产过程自动化，以减轻劳动强度，提高生产效率；实现对主要生产设备工况的实时在线监测，及时发现故障隐患，及时采取措施避免设备损坏，提高设备正常率和开机率；将工作面的相关信息及时传输到地面，并通过计算机网络实现共享，实现生产管理网络信息化。

(1) 实现工作面生产自动化。

(2) 实现顺槽集中控制。通过顺槽控制台能够实现工作面设备的集中控制。在控制台的一台计算机上，可以实现对工作面所有生产设备的全面控制，启动工作面生产自动控制程序，实现设备自动化运行。在控制台上对工作面生产设备的控制功能有：单设备启停，包括刮板机、转载机、泵站、采煤机、顺序开机、顺序停机、启停跟机（采煤机）自动化、语音通信、启停生产自动程序。

实现这些控制功能跟综采工作面所选用的生产设备是否具有数字接口有关，具有数字接口的智能生产设备可以减少控制系统实施的工作量。例如，采煤机如果是智能的，能提供本身的状态数据如位置、牵引速度、牵引方向等，那么控制系统只要连接采煤机就可以采集这些数据了，不需要在采煤机内部开发监测子系统。

启停跟机自动化，是指电液控制系统根据采煤机的位置来自动进行液压支架的升降移动作。如果系统不安装电液控制系统，则跟机自动化功能不会实现。

实现工作面内运输能力和落煤量的自动匹配，根据刮板机、转载机的负荷量自动调整采煤机的牵引速度以调整落煤量，实现采煤生产的良性运行。

（3）实现根据煤仓仓位对生产设备的自动控制。根据煤仓的仓位自动控制刮板机、采煤机运行过程，以防止煤仓满仓后仍继续生产的情况，防止运输设备超载启动。

（4）实现泵站的自动控制。根据工作面的生产需要，自动控制乳化液泵的工作模式，自动补充乳化液（包括自动配比控制）和自动控制清水泵的启停。顺槽皮带也可以由工作面控制台来集中控制，这个功能与煤仓仓位监测功能有直接的关系，这样才能构成一个完整的工作面智能运输系统。

（5）在线监测工作面状态。在线监测并显示主要生产设备的工作状态，在线监测主要生产设备的工作电流、电压、功率，包括采煤机、转载机、破碎机、刮板机。根据现场需要，对皮带机还要进行工作状态监测。

（6）在线监测工作面环境状况。通过监测工作面上隅角（瓦斯易聚区域）的瓦斯浓度、温度和一氧化碳浓度，以及回风巷的瓦斯浓度、温度和风速，随时监测工作面的环境条件，一旦出现异常情况能够及时发现并采取有效处理措施，及时消除安全隐患。在线监测功能也是为了控制功能的实现，为控制功能提供参数依据。

4. 综采自动化系统结构

（1）控制系统结构方案　综采工作面控制系统只考虑最下两层即自动化层和现场层，最上层管理层在矿井综合自动化系统中考虑。主要的研究开发工作在自动化层，通过应用程序来实现。

（2）系统网络结构　系统网络结构如图1-1所示。

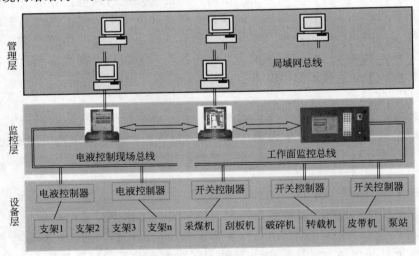

图1-1　系统网络结构

① 管理信息层。利用100M以太网接口，通过Web信息数据发布服务器将整个系统的数据发布到矿局域网上，使生产管理人员能够就地获得工作面的相关信息。

在与监测信息相关的管理部门，利用在矿局域网上的计算机，可以实现对工作面的信息进行实时监视和历史数据查询、分析等，为生产管理者提供真实、翔实、实时的监测数据，便于对工作面生产的管理。信息查询只要用浏览器即可，输入相应的 IP 地址或 Web 地址，不需要另外安装客户端软件。

如果矿局域网与国际互联网相连，那么只要是可以访问互联网的用户，通过授权许可，可以以 Web 页面的形式访问数据发布服务器，得到工作面的监测信息，便于生产管理者不在矿的时候，掌握工作面的状况。

② 自动化层。自动化层为 3 台主控计算机相互连接，并且向上与矿井综合自动化系统相连（用 TCP/IP 协议），向下与现场层设备相连（用串行 MODBUS 协议）。3 台主控计算机为井下本质安全型计算机，为提高系统的可靠性，可以考虑设立备份机。

将控制系统井下监控主机、备份机一起安装在井下控制台的设备列车上，整个控制系统井下监控主机与各子系统主机的连接可在几十米的范围内高速、可靠地连接，提高了系统的可靠性、实时性和安全性。

本层主要是监测控制主机与矿井综合自动化之间提供接口，电液控制主机与工作面监控主机、工作面通信控制器之间提供接口，采用 TCP/IP 连接，用来传递监测控制数据。

工作面自动监控设置 1 台主机，电液控制设置 1 台主机，工作面通信控制设置 1 台主机，分别用来显示工作面环境信息、采煤机信息、运输设备信息、电液压支架信息，控制工作面生产设备，人工语音通信等。

自动化层各主控机之间与矿井综合自动化系统之间的关系如图 1-2 所示。

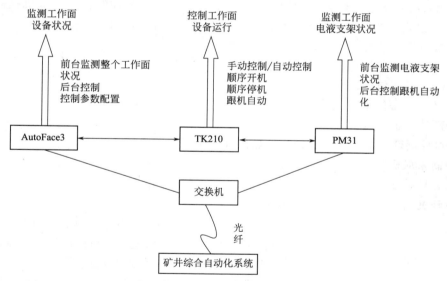

图 1-2　自动化层各主控机之间与矿井综合自动化系统之间的关系

③ 现场层。现场控制子系统适合用现场总线控制系统进行集成，其上位机接口统一采用 MODBUS 总线接口。

本系统将现场总线技术引入到煤矿设备控制系统中来，实现与国际水平接轨。本层网络是整个控制系统的关键控制层，采用 MODBUS 现场总线将井下监测控制主机与子系统串行相连，构成现场总线监控网络。

（3）控制网络主要技术指标　控制系统的总响应时间为 1s，即在传感器数据到达各子系统后，1s 之内就可被系统采集。

一个控制功能的执行时间，是从传感器采集到数据变化开始，到控制功能的执行机构执行为止。由于各个子系统的响应时间不同，因此对不同的控制功能，其执行时间也不相同。但作为整个控制网络系统，由于控制功能的优先级高，从采集子系统数据、控制算法实现到控制指令发送，可在 1s 内完成。

① 自动化层：

a. 传输介质：光纤/双绞线；

b. 物理接口：以太网；

c. 传输速率：100Mbps；

d. 通信协议：TCP/IP。

② 现场监控层：

a. 传输介质：两对双绞线；

b. 物理接口：RS422；

c. 通信速率：19.2kbps；

d. 通信协议：MODBUS/RTU。

（4）监控子系统　下面分别介绍各个子系统的组成及提供和接受的数据。

① 生产监控子系统。生产监控子系统包括采煤机和电液控制系统。采煤机监控子系统通过采煤机与机载计算机相连，调制解调器通过采煤机馈电电缆内的控制总线和接地线传输信息，MODBUS 为通信协议向上位机提供数据。

本控制系统井下主机作为 MODBUS 主控制器，对作为从控制器的采煤机控制计算机（从控制器）进行巡检，可以监测和控制以下主要信息：

a. 采煤机运行信息：位置、方向、速度等；

b. 各电机的负荷情况；

c. 各部件温度信息；

d. 各部件报警信息；

e. 各部件保护信息；

f. 通过控制牵引电机变频器调整采煤机行进速度；

g. 控制采煤机闭锁。

② 运输监控子系统。

a. 破碎机电机的电压、电流、负荷；

b. 转载机高速、低速电动机的电压，电流，负荷；

c. 刮板机机头、机尾高速低速电动机的电压，电流，负荷。

③ 环境监测子系统。本子系统可完成以下功能。

a. 报警：设备启动前，以及各种故障时进行报警，报警时间的长短及是否采用语言报警可以通过参数设定。

b. 将工作面各设备工作状态和参数传输给井上，在井上计算机进行显示。

c. 乳化液泵站和清水泵站的自动控制。

d. 监测煤仓料位信息。

3 个子系统之间的关系如图 1-3 所示。

（5）系统功能

① 工作面顺槽控制功能。通过本系统的实施，实现在顺槽对工作面的生产进行自动控制，表现在以下几个主要方面。

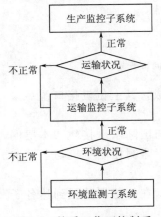

图 1-3　综采工作面控制系统各子系统之间的关系

　　a. 工作面顺序启动。通过操作通信控制计算机，发出工作面启动命令给通信控制子系统，实现工作面的顺序启动。其启动顺序如下：皮带机→破碎机→转载机→刮板机→采煤机。

　　b. 工作面顺序停机。停机顺序如下：采煤机→刮板机→转载机→破碎机→皮带机。

　　c. 工作面设备闭锁逻辑。工作面内单台设备闭锁时，根据煤流方向，自动实现逻辑闭锁。该项功能由通信控制子系统和电液控制子系统在自动监控主机的协调下自动完成，其闭锁逻辑如表 1-1 所示。

表 1-1　工作面设备闭锁逻辑表

	采煤机	刮板机	转载机	破碎机	皮带机
采煤机					
刮板机	▼				
转载机	▼	▼			
破碎机	▼	▼	▼		
皮带机	▼	▼	▼	▼	

　　d. 支架跟机自动化。由采煤机监控子系统的计算机将采煤机的位置、方向、速度等信息传给电液控制主机，根据采煤工艺的要求，电液控制系统监控主机自动向支架控制器发出控制指令，执行相应的自动动作。

　　e. 满仓控制。根据煤仓的煤位自动控制采煤过程。当煤仓的煤位到达特定的位置时，系统就会向工作面下达指令，停止采煤机的推进，暂停煤炭生产，而刮板机继续运行，当煤仓的煤位到达满仓位置时，系统即将刮板机停下来，这样面内刮板机上就没有了煤炭，皮带机上也不会满载，为下次顺利启动奠定基础，可以避免压死输送机的情况出现，提高生产效率，同时可以有效地保护设备，提高设备的使用寿命。当煤仓出煤后，煤位到达可以开始生产的位置后系统会自动按顺序和程序启动生产设备开始生产。

　　f. 负荷控制。根据刮板机的负荷量自动调整采煤机的牵引速度以调整落煤量。当刮板机的负荷超载时系统能及时降低采煤机的牵引速度以减少落煤量，反之可适当提高采煤机的牵引速度，以达到设备工作在高效、安全的状态。

　　② 工作面设备监测控制功能。通过本系统的实施，实现对工作面单台设备的自动控制功能和设备运行状态信息、设备运行工况信息、设备故障诊断信息的连续在线实时监测，系统对各个生产设备的监测情况如图 1-4 所示。

　　(6) 综采工作面系统要求

　　① 控制要求。

　　系统可对所有综采工作面进行监测和控制，控制方式分为远方集中控制、就地集中控制、就地分部开车、检修开车等。

　　各控制方式之间根据需要可以进行相互转换。

　　控制系统在同一时刻对同一设备只能有一种控制方式有效。

　　控制系统可以实现在地面直接控制井下三机（破碎机、运输机、转载机）及泵站、高压开关、电站的运行。

　　各设备严禁同时启停，应间隔一定时间。

　　在远方集控方式下，达到有煤流时输送机运行，无煤流时输送机停止，同时防止输送机系统频繁启动。

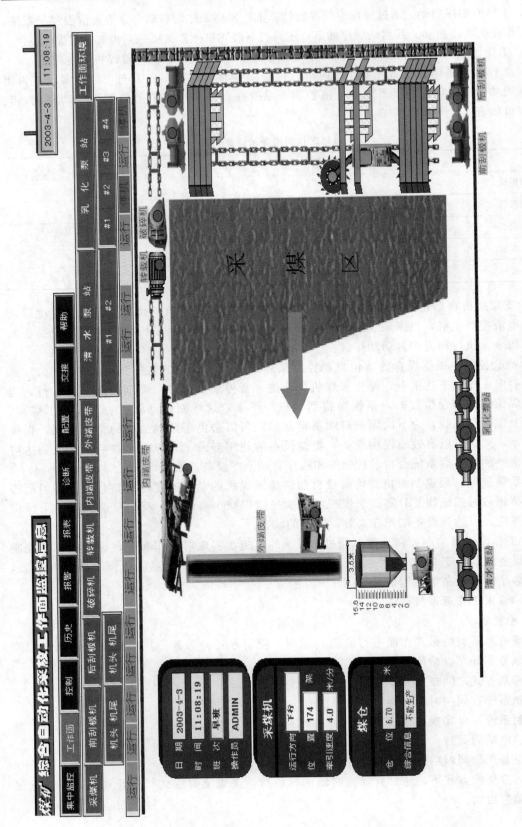

图 1-4　系统对各个生产设备的监测情况

综采工作面系统与机巷带式输送机进行闭锁，带式输送机根据综采工作面系统的运行情况，进行不同响应。各设备之间进行闭锁，当转载机或刮板输送机停车时，采煤机进行停车。采煤机与瓦斯进行闭锁，在系统运行异常时，均应有必要的联锁保护。

综采工作面建立瓦斯自动预警系统。通过传感器将瓦斯探头与设备控制相闭锁，当瓦斯浓度达到不同值时，系统可以自动预警减速慢行或停止三机运行并发出警报。

系统应主要监测以下数据：

a. 电动机：电流、电压、功率因数、绕组温度、轴承温度；

b. 减速电机：油温、油量、轴承温度及振动；

c. 液压支架的压力及各环境等参数监测。

系统的《煤矿安全规程》要求在综采工作面必须装设的各种保护装置进行在线监测。

综采控制系统在远方集中控制方式下，若系统出现通信故障，则各设备必须进行停车。

当系统出现故障时，上位机监控系统应提供故障诊断及解决方法。

综采工作面所有设备均设有过载、短路等保护。

系统在转载机、采煤机等各主要设备处设置视频监测点。

② 上位机要求。

系统控制分站的控制程序可以在上位机进行方便地修改、调试。

当系统有报警时，上位机不能下发启动命令，各设备不能启动。

上位机对各用户权限进行分级管理，不同的用户级别可以对系统进行不同的操作。

监控系统上位机对各个输送机的状态都可以通过系统模拟图显示出来。模拟图上对给煤机、振动筛、煤仓、运输机等各监测点要与实际状态相对应。以不同颜色显示走向、设备的运行状态，实时显示监测数据。

上位机对系统的各项操作都应有醒目提示，同时在操作记录中应记录日期和时间（年、月、日、时、分、秒）。

运行管理记录：包括事件记录、运行日志报表、各设备累计运行时间。记录显示各监测点和系统运行时间、各设备启停时间等。

事件顺序记录：包括各种故障记录、保护动作顺序记录。保护和监控系统能够保存足够数量或足够长时间段的事件顺序记录，确保当后台监控系统或远方集中控制主站通信中断时，不丢失事件信息，并应记录事件发生的时间。

自动监测分析各监测数据（电流、温度等），当达到报警值时，实时报警，并记录报警的监测点名称、编号，报警内容、时间，系统超限参数等。

系统有声响、图标闪烁、报警窗口等多种报警方式，用户可选择设置，重要事件报警时，主计算机上显示报警的监测点名称、编号，报警内容、时间，超限参数、接受人密码确认输入框，只有经授权获得密码的操作员才能接受报警，并消除报警信息。

报警记录可追溯查询。显示报警时间，故障设备名称、编号、地点，故障类型、参数，报警接受人、接受时间。

统计任一监测点的任一时间段的全部报警记录、某一类故障的报警记录。

具有故障预警、预报功能，系统运行参数有异变时能有预警功能。

实时数据分析、设备操作、参数整定等要有记录，并自动进行备份，可随时进行查询，并有曲线图、柱状图、波形图等。

打印功能要求：定时打印报表和日志；开关操作记录打印；事件顺序记录打印；抄

屏打印（打印显示屏上所显示的内容）；事故追忆打印；运行人员可根据需要选择打印内容。

可追溯查询任一监测点的任一时段系统的运行参数。

上位机监控画面可用鼠标任意调节大小。

③ 系统通信要求。

具有数据导出和导入接口及刻录工具，方便实现数据的长期存储。

通信接口：通用串行通信接口（RS－485、RS－422 等）、现场总线和以太网接口等通用接口。

通信规约：必须满足国际和国家的各种相关规约要求。

④ 系统其他要求。

系统应具有扩展功能，可以方便地增加保护装置，对系统可方便地增加被控设备数，也可以与别的控制系统联网，形成更大的监控网。

冗余功能：地面监控室应设置两台计算机，两台计算机分为主控计算机和辅助计算机，通过 TCP/IP 标准通信协议相互通信，互为备用，并可进行自动切换。

采煤机

通过本系统可对采煤机进行如下控制：

◆ 闭锁采煤机；

◆ 降低采煤机行进速度。

监测如下信息：

◆ 位置、方向、速度信息；

◆ 煤机总电压、电流、负荷；

◆ 各个电动机的电压、电流、负荷；

◆ 各个电动机温度；

◆ 各个电动机的保护信息；

◆ 各个电动机的过载信息。

刮板机

通过本系统可对前部刮板机进行如下控制：

◆ 开启、关闭、闭锁。

监测如下信息：

◆ 各个高低速电动机的电压、电流、负荷；

◆ 运行时间统计。

转载机

通过本系统可对转载机进行如下控制：

◆ 开启、关闭、闭锁。

监测如下信息：

◆ 电动机的电压、电流、负荷；

◆ 运行时间统计。

破碎机

通过本系统可对破碎机进行如下控制：

◆ 开启、关闭、闭锁。

监测如下信息：

◆ 电动机的电压、电流、负荷、过载;

◆ 运行时间统计。

皮带机

通过本系统可对转载机进行如下控制:

◆ 开启、关闭、闭锁。

监测如下信息:

◆ 电动机的电压、电流、负荷;

◆ 运行时间统计。

泵站系统

对乳化液泵和清水泵进行如下控制:

◆ 启动、停止;

◆ 乳化液自动配比;

◆ 乳化液、清水泵箱自动补液;

◆ 自动控制乳化液泵过压卸载溢流。

监测如下信息:

◆ 乳化液箱液位;

◆ 清水箱水位;

◆ 泵站出口压力。

(7) 监测内容显示　本系统监控主机对上述监测控制内容进行分类整理,以动画、图形等直观方式进行分屏显示。图 1-5 为综采工作面跟机自动化监控画面。

5. 控制系统软件

(1) 软件功能　控制系统软件是实现系统中目标所必需的一个重要的人机接口,它担负着数据采集、通信、计算、存储、显示、分析、报表、网络发布及监控逻辑的定制、控制设备动作等重要任务,是监控系统实时监测与控制的中枢。

监控系统软件包括为相应计算机选择特定的操作系统软件、选择图形化的工控人机界面软件支持环境或通用软件开发工具、绘制监测目标的图形表示符号、定制相应设备的监测控制逻辑、定义数据存储结构、创建数据分析(故障预测诊断)模型等。

监控系统软件运行中流程控制及数据交换的基本流程是:设备工况监测主站软件循环检测其下属各分站,采集设备工况数据,并实时地更新 MODIBUS SLAVE 站的数据缓冲区,设备工况监测主站中的 MODIBUS SLAVE 站由软件模拟实现。井下监控主机通过 MODBUS 协议按照指定的不同 SLAVE 站的级别循环检测主控机各子系统的 MODBUS SLAVE 站的数据缓冲区,取得实时检测结果用组态图形表示。

(2) 操作系统平台　选择目前市场上运行最稳定的操作系统,同时兼顾系统对图形系统的要求、对网络控制的要求以及对数据库等外围组件的要求,选择 Windows 7 作为监测工控计算机的操作系统平台。

选择 Windows 7 不但满足最初制定的监控系统软件设计的一些原则,同时由于多数开发人员具有 Windows 开发的经验,煤矿现场系统维护人员也有丰富的 Windows 使用经验,有利于系统的应用。

(3) 人机界面系统软件　目前可行的人机界面系统软件开发方案有以下两种。

方案 1:使用高级语言开发工具(如 Visual C/C++,Visual Basic 等)开发具有独立版权的专用系统。

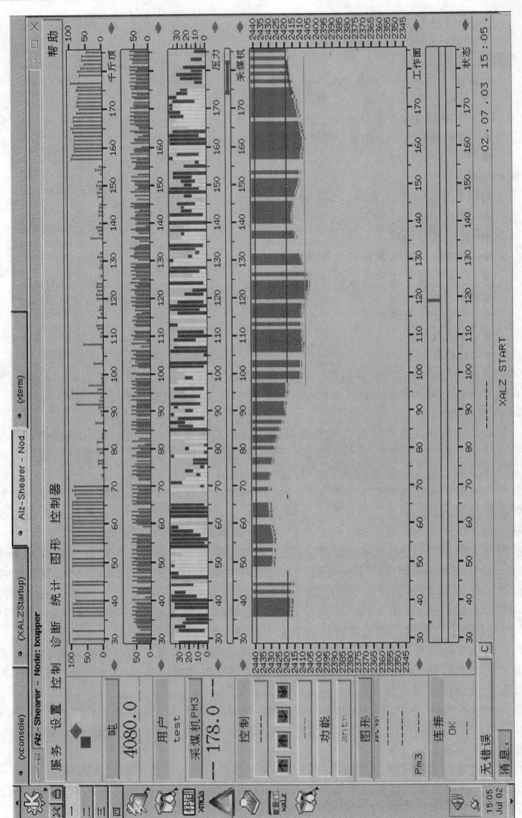

图 1-5　综采工作面跟机自动化监控画面

这种方法的优点是开发工具直接使用操作系统的 API，因此生成软件的运行效率较高，系统灵活性较高，可以实现较复杂的数据后期处理功能。但是，由于高级语句开发工具本身不提供图形/硬件设备组态工具，开发系统运行组态的过程比较烦琐，许多对硬件或通信的控制须开发许多底层协议，因此该方案的开发周期长，成本高。而且，随着系统软件体系复杂度加大，在不能长时间进行系统测试的情况下，系统软件的可靠性将急剧下降。

方案 2：采用集成人机界面系统结合系统自身的脚本控制语言实现。

这种方法的优点是生成系统组态界面快捷、方便，对开发人员没有太高的要求。系统提供多种图形库、工具，因此组态效果更好。由于这些著名的人机界面系统经过多年的开发、使用，系统已非常稳固、可靠。同时，这些系统还提供多种组件，自动实现数据库存储、趋势分析、数据发布等功能，很少的开发工作就可实现完整的分布式网络应用方案。这种方法的缺点是对计算机系统资源要求较高，数据后期处理不够灵活。

（4）系统监测控制数据点 自动控制系统监测点和控制点分别见表 1-2 和表 1-3。

表 1-2 自动控制系统监测点

所属设备	序号	名称	数据类型	数据来源
采煤机	1	位置	数字量	采煤机监控子系统
	2	运行方向	数字量	采煤机监控子系统
	3	牵引速度	数字量	采煤机监控子系统
	4	采煤机电压	数字量	负荷中心
	5	采煤机电流	数字量	负荷中心
	6	采煤机负荷	数字量	负荷中心
	7	采煤机供电状态	数字量	负荷中心
	8	左牵引电机电流	数字量	采煤机监控子系统
	9	左牵引电机电压	数字量	采煤机监控子系统
	10	左牵引电机负荷	数字量	采煤机监控子系统
	11	左牵引电机温度	数字量	采煤机监控子系统
	12	右牵引电机电流	数字量	采煤机监控子系统
	13	右牵引电机电压	数字量	采煤机监控子系统
	14	右牵引电机负荷	数字量	采煤机监控子系统
	15	右牵引电机温度	数字量	采煤机监控子系统
	16	左切割电机电流	数字量	采煤机监控子系统
	17	右切割电机电流	数字量	采煤机监控子系统
	18	左切割电机温度	数字量	采煤机监控子系统
	19	右切割电机温度	数字量	采煤机监控子系统
	20	变频器温度	数字量	采煤机监控子系统
	21	变频器电压	数字量	采煤机监控子系统
	22	左切割电机温度预警	开关量	采煤机监控子系统
	23	左切割电机温度断开	开关量	采煤机监控子系统
	24	右切割电机温度预警	开关量	采煤机监控子系统

续表

所属设备	序 号	名 称	数据类型	数据来源
采煤机	25	右切割电机温度断开	开关量	采煤机监控子系统
	26	左拖动电机温度预警	开关量	采煤机监控子系统
	27	左拖动电机温度断开	开关量	采煤机监控子系统
	28	右拖动电机温度预警	开关量	采煤机监控子系统
	29	右拖动电机温度断开	开关量	采煤机监控子系统
	30	变频器温度预警	开关量	采煤机监控子系统
	31	变频器温度断开	开关量	采煤机监控子系统
	32	断开左切割电机	开关量	采煤机监控子系统
	33	断开右切割电机	开关量	采煤机监控子系统
	34	断开左液压泵电机	开关量	采煤机监控子系统
	35	断开右液压泵电机	开关量	采煤机监控子系统
	36	断开左牵引电机	开关量	采煤机监控子系统
	37	断开右牵引电机	开关量	采煤机监控子系统
	38	断开变频器	开关量	采煤机监控子系统
	39	切割电机漏电保护	开关量	采煤机监控子系统
	40	牵引电机漏电保护	开关量	采煤机监控子系统
	41	液压泵电机漏电保护	开关量	采煤机监控子系统
	42	变频器漏电保护	开关量	采煤机监控子系统
	43	左切割电机过载	开关量	采煤机监控子系统
	44	右切割电机过载	开关量	采煤机监控子系统
	45	左牵引电机过载	开关量	采煤机监控子系统
	46	右牵引电机过载	开关量	采煤机监控子系统
	47	左液压泵电机过载	开关量	采煤机监控子系统
	48	右液压泵电机过载	开关量	采煤机监控子系统
刮板运输机	1	刮板运输机运行状态	开关量	通信控制子系统
	2	刮板运输机闭锁信息	数字量	通信控制子系统
	3	机头电机高速定子温度1	数字量	设备工况监测子系统
	4	机头电机高速定子温度2	数字量	设备工况监测子系统
	5	机头电机高速定子温度3	数字量	设备工况监测子系统
	6	机头电机低速定子温度1	数字量	设备工况监测子系统
	7	机头电机低速定子温度2	数字量	设备工况监测子系统
	8	机头电机低速定子温度3	数字量	设备工况监测子系统
	9	机头减速箱主轴温度	数字量	设备工况监测子系统
	10	机头减速箱润滑油温度开关	数字量	设备工况监测子系统
	11	机头高速电机电压	数字量	负荷中心

续表

所属设备	序 号	名 称	数据类型	数据来源
	12	机头高速电机电流	数字量	负荷中心
	13	机头高速电机负荷	数字量	负荷中心
	14	机头高速电机运行状态	数字量	负荷中心
	15	机头低速电机电压	数字量	负荷中心
	16	机头低速电机电流	数字量	负荷中心
	17	机头低速电机负荷	数字量	负荷中心
	18	机头低速电机运行状态	数字量	负荷中心
	19	机尾电机高速定子温度1	数字量	设备工况监测子系统
	20	机尾电机高速定子温度2	数字量	设备工况监测子系统
	21	机尾电机高速定子温度3	数字量	设备工况监测子系统
	22	机尾电机低速定子温度1	数字量	设备工况监测子系统
	23	机尾电机低速定子温度2	数字量	设备工况监测子系统
刮板运输机	24	机尾电机低速定子温度3	数字量	设备工况监测子系统
	25	机尾减速箱主轴温度	数字量	设备工况监测子系统
	26	机尾减速箱润滑油温度开关	数字量	设备工况监测子系统
	27	机尾高速电机电压	数字量	负荷中心
	28	机尾高速电机电流	数字量	负荷中心
	29	机尾高速电机负荷	数字量	负荷中心
	30	机尾高速电机运行状态	数字量	负荷中心
	31	机尾低速电机电压	数字量	负荷中心
	32	机尾低速电机电流	数字量	负荷中心
	33	机尾低速电机负荷	数字量	负荷中心
	34	机尾低速电机运行状态	数字量	负荷中心
	35	链轮张紧装置链张紧度	数字量	设备工况监测子系统
	36	链轮张紧装置备压	数字量	设备工况监测子系统
	37	链轮张紧装置主轴转速	数字量	设备工况监测子系统
	1	转载机运行状态	开关量	通信控制子系统
	2	转载机闭锁信息	数字量	通信控制子系统
	3	电机高速定子温度1	数字量	设备工况监测子系统
	4	电机高速定子温度2	数字量	设备工况监测子系统
转载机	5	电机高速定子温度3	数字量	设备工况监测子系统
	6	电机低速定子温度1	数字量	设备工况监测子系统
	7	电机低速定子温度2	数字量	设备工况监测子系统
	8	电机低速定子温度3	数字量	设备工况监测子系统
	9	减速箱主轴温度	数字量	设备工况监测子系统

续表

所属设备	序号	名称	数据类型	数据来源
	10	减速箱润滑油温度开关	数字量	设备工况监测子系统
	11	高速电机电压	数字量	负荷中心
	12	高速电机电流	数字量	负荷中心
	13	高速电机负荷	数字量	负荷中心
转载机	14	高速电机运行状态	数字量	负荷中心
	15	低速电机电压	数字量	负荷中心
	16	低速电机电流	数字量	负荷中心
	17	低速电机负荷	数字量	负荷中心
	18	低速电机运行状态	数字量	负荷中心
	1	破碎机运行状态	开关量	通信控制子系统
	2	破碎机闭锁信息	数字量	通信控制子系统
破碎机	3	电机电压	数字量	负荷中心
	4	电机电流	数字量	负荷中心
	5	电机负荷	数字量	负荷中心
	6	电机运行状态	数字量	负荷中心
	1	顺槽皮带运行状态	开关量	通信控制子系统
	2	顺槽皮带闭锁信息	数字量	通信控制子系统
	3	系统皮带转速	数字量	设备工况监测子系统
	4	系统输出轴转速	数字量	设备工况监测子系统
	5	系统液压油温度	数字量	设备工况监测子系统
	6	系统驱动电机电流	数字量	设备工况监测子系统
	7	张紧系统电机运行状态	开关量	设备工况监测子系统
	8	张紧系统张力	数字量	设备工况监测子系统
	9	张紧系统油位	数字量	设备工况监测子系统
	10	张紧系统油温	数字量	设备工况监测子系统
顺槽皮带	11	张紧系统阀1开关状态	开关量	设备工况监测子系统
	12	张紧系统阀2开关状态	开关量	设备工况监测子系统
	13	张紧系统阀3开关状态	开关量	设备工况监测子系统
	14	电机轴温 A	数字量	设备工况监测子系统
	15	电机轴温 B	数字量	设备工况监测子系统
	16	电机绕组温度 A	数字量	设备工况监测子系统
	17	电机绕组温度 B	数字量	设备工况监测子系统
	18	电机绕组温度 C	数字量	设备工况监测子系统
	19	减速箱润滑油温度	数字量	设备工况监测子系统
	20	减速箱输入轴承温度	数字量	设备工况监测子系统

所属设备	序　号	名　　称	数据类型	数据来源
顺槽皮带	21	减速箱第 2 轴承温度 A	数字量	设备工况监测子系统
	22	减速箱第 2 轴承温度 B	数字量	设备工况监测子系统
	23	减速箱第 2 轴承温度 A	数字量	设备工况监测子系统
	24	减速箱第 2 轴承温度 B	数字量	设备工况监测子系统
	25	减速箱第 3 轴承温度 A	数字量	设备工况监测子系统
	26	减速箱第 3 轴承温度 B	数字量	设备工况监测子系统
	27	堆煤保护	开关量	通信控制子系统
	28	跑偏保护	开关量	通信控制子系统
	29	速度保护	开关量	通信控制子系统
	30	温度保护	开关量	通信控制子系统
	31	烟雾保护	开关量	通信控制子系统
	32	拉线急停	开关量	通信控制子系统
液压系统	1	前部主管路压力 1	数字量	支架电液控制子系统
	2	前部主管路压力 2	数字量	支架电液控制子系统
	3	后部主管路压力 1	数字量	支架电液控制子系统
	4	后部主管路压力 2	数字量	支架电液控制子系统
	5	工作面前部管路压力 1	数字量	支架电液控制子系统
	6	工作面前部管路压力 2	数字量	支架电液控制子系统
	7	工作面前部管路压力 3	数字量	支架电液控制子系统
	8	工作面前部管路压力 4	数字量	支架电液控制子系统
	9	工作面前部管路压力 5	数字量	支架电液控制子系统
	10	工作面前部管路压力 6	数字量	支架电液控制子系统
	11	工作面前部管路压力 7	数字量	支架电液控制子系统
	12	工作面前部管路压力 8	数字量	支架电液控制子系统
	13	工作面前部管路压力 9	数字量	支架电液控制子系统
	14	工作面前部管路压力 10	数字量	支架电液控制子系统
泵站系统	1	乳化液泵站开停信息	开关量	通信控制子系统
	2	清水泵站开停信息	开关量	通信控制子系统
	3	乳化液泵站卸载阀开停	开关量	通信控制子系统
	4	乳化液泵站卸载阀开停	开关量	通信控制子系统
	5	乳化液箱液位	数字量	通信控制子系统
	6	清水箱水位	数字量	通信控制子系统
工作面信息	1	工作面推进度	数字量	支架电液控制子系统
	2	工作面环境温度	数字量	设备工况监测子系统
	3	工作面瓦斯含量	数字量	设备工况监测子系统

续表

所属设备	序　号	名　　称	数据类型	数据来源
工作面信息	4	工作面—氧化碳含量	数字量	设备工况监测子系统
	5	回风巷温度	数字量	设备工况监测子系统
	6	回风巷风速	数字量	设备工况监测子系统
	7	回风巷瓦斯含量	数字量	设备工况监测子系统

表 1-3　自动控制系统控制点

所属设备	序　号	名　　称	数据类型	执行子系统
采煤机	1	所有电机闭合	开关量	采煤机监控子系统
	2	所有电机断开	开关量	采煤机监控子系统
	3	截割电机闭合	开关量	采煤机监控子系统
	4	牵引电机闭合	开关量	采煤机监控子系统
	5	液压泵电机闭合	开关量	采煤机监控子系统
	6	截割电机断开	开关量	采煤机监控子系统
	7	牵引电机断开	开关量	采煤机监控子系统
	8	液压泵电机断开	开关量	采煤机监控子系统
	9	变频器断开	开关量	采煤机监控子系统
	10	变频器闭合	开关量	采煤机监控子系统
	11	左滚筒升起	开关量	采煤机监控子系统
	12	左滚筒落下	开关量	采煤机监控子系统
	13	右滚筒升起	开关量	采煤机监控子系统
	14	右滚筒落下	开关量	采煤机监控子系统
	15	牵引电机速度	数字量	采煤机监控子系统
刮板运输机	1	设备开启	开关量	通信控制子系统
	2	设备停止	开关量	通信控制子系统
	3	设备闭锁	开关量	通信控制子系统
转载机	1	设备开启	开关量	通信控制子系统
	2	设备停止	开关量	通信控制子系统
	3	设备闭锁	开关量	通信控制子系统
破碎机	1	设备开启	开关量	通信控制子系统
	2	设备停止	开关量	通信控制子系统
	3	设备闭锁	开关量	通信控制子系统
顺槽皮带	1	设备开启	开关量	通信控制子系统
	2	设备停止	开关量	通信控制子系统
	3	设备闭锁	开关量	通信控制子系统

续表

所属设备	序　号	名　　称	数据类型	执行子系统
泵站系统	1	乳化液泵站开启	开关量	通信控制子系统
	2	乳化液泵站关闭	开关量	通信控制子系统
	3	清水泵站开启	开关量	通信控制子系统
	4	清水泵站关闭	开关量	通信控制子系统
	5	乳化液泵站卸载阀开启	开关量	通信控制子系统
	6	乳化液泵站卸载阀关闭	开关量	通信控制子系统
工作面	1	顺序启动	开关量	通信控制子系统
	2	顺序停止	开关量	通信控制子系统

三、了解煤矿自动化生产线的发展概况

建国初期至 1952 年，绝大多数煤矿设施极其简陋，采煤方法沿袭旧中国的穿硐式和高落式方法。生产条件恶劣，工人从事极其笨重的体力劳动；手镐落煤，人推马拉运输，安全没有保障；资源回收率很低；巷道沿煤层布置，掘进和回采没有明显区别，没有形成功能齐全、系统完整的采区。

第一个五年计划期间，进行采煤方法改革，采用长壁式，采煤工艺主要是爆破落煤，人工装煤，少数煤矿也采用过深截框式联合采煤机和纯为掏槽用的截煤机。运输设备是小功率的刮板输送机。工作面采用木支架，主要用垮落法处理采空区。推行新采煤方法的结果，提高了煤炭回收率，减轻了体力劳动，生产安全性有了明显提高。这时的巷道布置，基本上是分煤层布置采区。巷道大部分放在煤层中，梯形断面，木支架，留煤柱护巷。以区内沿走向后退式开采为基本模式。有统一规划先划分的采区，区分了掘进工作面与回采工作面。这种布置方式大体延续到 20 世纪 50 年代末。

20 世纪 60 年代初，为了进一步生产集中，以共用集中上（下）山及共用区段集中平巷为标志的联合布置采区诞生，1964 年开始使用浅截深滚筒式采煤机，配以较大功率可弯曲刮板输送机，金属摩擦支柱和金属铰接顶梁；胶带输送机普遍用到采区上（下）山和区段集中巷内；机械化采煤得到发展，工作面单产得到一定的提高。

1974 年我国开始引进使用综采设备。通过引进、改造、自行设计制造，目前我国已具有适合于薄、中厚及厚煤层中应用的各种型号配套的综合机械化采煤设备。我国发展综采的速度比较快，而且目前综采设备基本上实现了国产。

任 务 小 结

本任务介绍了自动化及自动化生产线的概念和自动化生产线的应用，重点讲述了煤矿自动化生产线的综采自动化的概念、综采自动化的过程、综采自动化的目标和综采自动化的结构和煤矿自动化生产线的发展历程。在综采自动化系统结构中重点讲述了控制系统结构方案、系统网络结构和控制系统软件等内容，要求重点掌握综采自动化系统结构，了解煤矿自动化生产线的发展历程，明确煤矿自动化生产线的发展方向。

习 题

1. 什么是自动化生产线?
2. 自动化生产线的发展经历了哪几个阶段?
3. 什么是综采自动化?
4. 综采自动化系统的目标是什么?
5. 综采自动化系统的过程是什么?
6. 综采自动化系统包括哪几部分?
7. 综采自动化系统的网络结构包括几部分,分别是什么?
8. 综采工作面启动顺序和停机顺序各是什么?
9. 综采工作面内单台设备闭锁时,根据煤流方向,自动实现逻辑闭锁。该项功能由通信控制子系统和电液控制子系统在自动监控主机的协调下自动完成,其闭锁逻辑内容是什么?

第二篇 任务实施

任务一 综采设备变频调速控制电路的安装及调试

随着电力电子器件制造技术、变流控制技术以及微型计算机和大规模集成电路的飞速发展，目前采用 IGBT 逆变的变频器可将鼠笼型电动机的启动转矩提升到额定转矩的 2 倍，并且即使不用测速反馈，也能使笼型电动机具有较硬的机械特性和快速正反转能力。20 世纪 80 年代末，煤矿井下开始在采、掘、运等主要设备调速上采用变频器。如采煤机的牵引电动机、提升机、绞车、井下用通风机、水泵及带式输送机电动机的调速等。

综采设备变频调速控制电路的安装及调试将分为三个子任务进行学习，分别是：常用低压电器控制变频调速电路的设计、安装及调试；PLC 控制变频调速电路的设计、安装及调试；PLC 加常用低压电器控制变频调速电路的设计、安装及调试。

分任务一 常用低压电器控制变频调速电路的设计、安装及调试

▶▶ 任务目标

1. 能设计电气控制原理图；
2. 能正确安装变频器并接线；
3. 能根据原理图装接实际电路并进行调试；
4. 能根据变频器显示判断故障类型，并排除故障；
5. 能正确选用常用低压电器；
6. 能够独立分析问题、解决问题，并具有一定再学习的能力。

▶▶ 任务描述

根据常用低压电器控制变频器调速的控制原理图，绘制元件布置图及安装接线图，并按照绘制电气系统图装接实际电路，进行电路的调试和测试。

一、变频器识别与选用

采用变频器驱动异步电动机调速。在异步电动机确定后，通常应根据异步电动机的额定电流来选择变频器，或者根据异步电动机实际运行中的电流值（最大值）来选择变频器。当运行方式不同时，变频器容量的计算方式和选择方法不同，变频器应满足的条件也不一样。选择变频器容量时，变频器的额定电流是一个关键量，变频器的容量应按运行过程中可能出现的最大工作电流来选择。变频器的运行一般按以下几个原则来选择。

1. 连续运转时所需的变频器容量的计算

由于变频器传给电动机的是脉冲电流，其脉动值比工频供电时电流要大，因此须将变频器的容量留有适当的余量。此时，变频器应同时满足以下三个条件：

$$P_{CN} \geq \frac{kP_{M}}{\eta\cos\phi} \tag{1}$$

式中　P_{M}——电动机输出功率；

　　　η——效率（取 0.85）；

　　$\cos\phi$——功率因数（取 0.75）；

　　P_{CN}——变频器的额定容量，kV·A；

　　　k——电流波形修正系数（PWM 波形系数取 1.05～1.1）。

$$P_{CN} \geq k \times \sqrt{3}U_{M}I_{M} \times 10^{-3} \tag{2}$$

式中　U_{M}——电压，V；

　　　I_{M}——电流，A。

$$I_{CN} \geq kI_{M} \tag{3}$$

式中　I_{CN}——变频器的额定电流，A。

当 I_{M} 按电动机实际运行中的最大电流来选择变频器时，变频器的容量可以适当缩小。

2. 加减速时变频器容量的选择

变频器的最大输出转矩是由变频器的最大输出电流决定的。一般情况下，对于短时的加减速而言，变频器允许达到额定输出电流的 130%～150%（视变频器容量而定），因此，在短时加减速时的输出转矩也可以增大；反之，如只需要较小的加减速转矩时，也可降低选择变频器的容量。由于电流的脉动原因，此时应将变频器的最大输出电流降低 10%后再进行选定。

3. 频繁加减速运转时变频器容量的选定

根据加速、恒速、减速等各种运行状态下的电流值，按下式确定：

$$I_{1CN} = [(I_{1t1} + I_{1t2} + \cdots I_{1t5})/(t_1 + t_2 + \cdots t_5)]K_0 \tag{4}$$

式中　I_{1CN}——变频器额定输出电流，A；

I_1，$I_2\cdots I_5$——各运行状态平均电流，A；

t_1，$t_2\cdots t_5$——各运行状态下的时间；

　　　K_0——安全系数（运行频繁时取 1.2，其他条件下为 1.1）。

4. 一台变频器传动多台电动机，且多台电动机并联运行

用一台变频器使多台电动机并联运转时，对于一小部分电动机开始启动后，再追加投入其他电动机启动的场合，此时变频器的电压、频率已经上升，追加投入的电动机将产生大的启动电流，因此，变频器容量与同时启动时相比需要大些。以变频器短时过载能力为 150%，1min 为例计算变频器的容量，此时若电动机加速时间在 1min 内，则应满足式（5）和式（6）。

$$P_{CN} \geq \frac{2}{3}P_{CN1}\left[1 + \frac{n_S}{n_T}(k_S - 1)\right] \tag{5}$$

式中　n_T——并联电动机的台数；

　　　n_S——同时启动的台数；

　　P_{CN1}——连续容量，kV·A；

　　　k_S——电动机启动电流/电动机额定电流。

$$I_{CN} \geq \frac{2}{3}n_S I_M\left[1 + \frac{n_S}{n_T}(k_S - 1)\right] \tag{6}$$

若电动机加速在 1min 以上时，变频器的额定容量和额定电流应该为电动机加速时间在 1min 内的额定容量和额定电流的 1.5 倍。

5. 电动机直接启动时所需变频器容量的计算

通常，三相异步电动机直接用工频启动时启动电流为其额定电流的 5～7 倍，对于电动机功率小于 10kW 的电动机直接启动时，可按式（7）选取变频器：

$$I_{CN} \geqslant I_K / K_g \tag{7}$$

式中　K_g——变频器的允许过载倍数 $K_g = 1.3 \sim 1.5$；

　　　I_K——在额定电压、额定频率下电动机启动时的堵转电流，A。

在运行中，如电动机电流不规则变化，此时不易获得运行特性曲线，这时可使电动机在输出最大转矩时的电流限制在变频器的额定输出电流内进行选择。

二、变频器安装和接线

三菱 FR-E700 系列变频器中的 FR-E740-0.75K-CHT 型变频器，该变频器额定电压等级为三相 400V，适用于容量为 0.75kW 及以下的电动机。FR-E700 系列变频器的外观和型号的定义如图 2-1-1 所示。

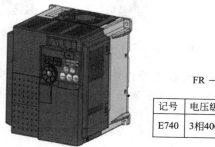

| FR — | E740 | — | 1.5 | K-CHT |

记号	电压级数
E740	3相400V级

变频器容量
显示变频器容量
"kW"

图 2-1-1　FR-E700 系列变频器

FR-E700 系列变频器是 FR-E500 系列变频器的升级产品，是一种小型、高性能变频器。本课程所涉及的是使用通用变频器所必需的基本知识和技能，着重于变频器的接线、操作和常用参数的设置等方面。

1. 变频器的安装和拆卸

在工程使用中，变频器通常安装在配电箱内的 DIN 导轨上，安装和拆卸的步骤如图 2-1-2 所示。

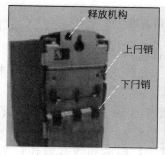

(a) 变频器背面的固定机构　　　(b) 在DIN导轨上安装变频器　　　(c) 从导轨上拆卸变频器

图 2-1-2　变频器安装和拆卸的步骤

安装的步骤：

（1）用导轨的上闩销把变频器固定到导轨的安装位置上；

（2）向导轨上按压变频器，直到导轨的下闩销嵌入到位。

从导轨上拆卸变频器的步骤：

（1）为了松开变频器的释放机构，将螺钉旋具（螺丝刀）插入释放机构中；

（2）向下施加压力，导轨的下闩销就会松开；

（3）将变频器从导轨上取下。

2. 变频器的接线

打开变频器的盖子后，就可以连接电源和电动机的接线端子。接线端子在变频器机壳下盖板内，机壳盖板的拆卸步骤如图 2-1-3 所示。

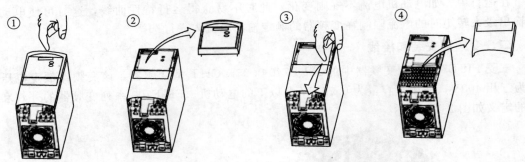

图 2-1-3　机壳盖板的拆卸步骤

（1）变频器主电路的接线　变频器主电路电源由配电箱通过自动开关 QF 单独提供一路三相电源供给，注意，接地线 PE 必须连接到变频器接地端子，并连接到交流电动机的外壳。如图 2-1-4 所示。

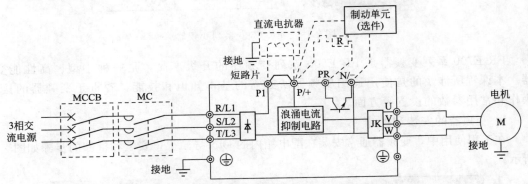

图 2-1-4　FR-E740 系列变频器主电路的通用接线

① 端子 P1、P/＋之间用以连接直流电抗器，不需连接时，两端子间短路。

② P/＋与 PR 之间用以连接制动电阻器，P/＋与 N/－之间用以连接制动单元选件。设备未使用，可用虚线画出。

③ 交流接触器 MC 用作变频器安全保护的目的，注意不要通过此交流接触器来启动或停止变频器，否则可能降低变频器寿命。

④ 进行主电路接线时，应确保输入、输出端不能接错，即电源线必须连接至 R/L1、S/L2、T/L3，绝对不能接 U、V、W，否则会损坏变频器。

（2）变频器控制电路的接线　FR-E740 系列变频器控制电路的接线端子分布如图 2-1-5 所示。图 2-1-6 给出了控制电路接线图。

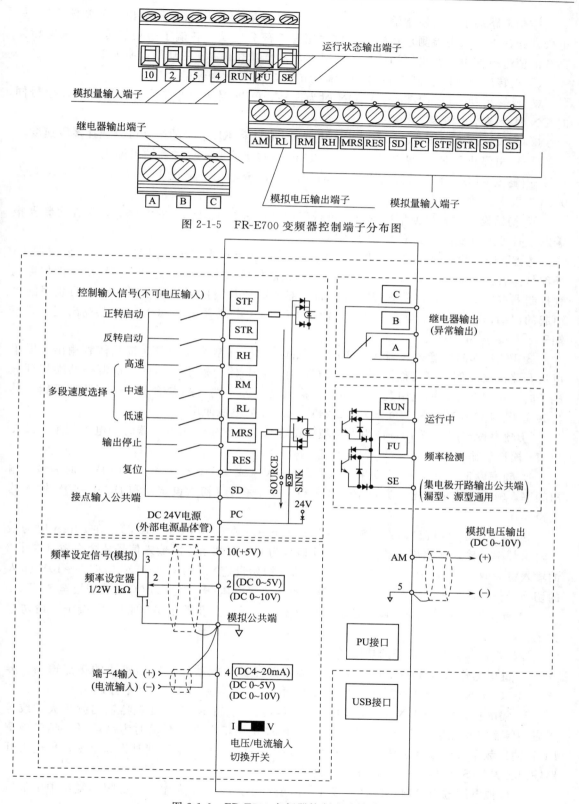

图 2-1-5　FR-E700 变频器控制端子分布图

图 2-1-6　FR-E700 变频器控制电路接线图

控制电路端子分为控制输入、频率设定（模拟量输入）、继电器输出（异常输出）、集电极开路输出（状态检测）和模拟电压输出等 5 部分区域，各端子的功能可通过调整相关参数的值进行变更，在出厂初始值的情况下，各控制电路端子的功能说明如下。

① 正转启动 STF：STF 信号 ON 时为正转，OFF 时为停。

② 反转启动 STR：STR 信号 ON 时为反转，OFF 时为停止指令；STF、STR 信号同时 ON 时变成停止指令。

③ 多段速度选择 RH、RM、RL：用 RH、RM 和 RL 信号的组合可以选择多段速度。

④ 输出停止 MRS：MRS 信号 ON（20ms 或以上）时，变频器输出停止。

⑤ 复位 RES：用于解除保护电路动作时的报警输出。请使 RES 信号处于 ON 状态 0.1s 或以上，然后断开。

⑥ 初始设定位：任何情况都可以进行复位。但进行了 Pr.75 的设定后，仅在变频器报警发生时可进行复位。复位时间约为 1s。

⑦ SD 接点输入公共端（漏型）（初始设定）：接点输入端子（漏型逻辑）的公共端子；外部晶体管公共端（源型）：源型逻辑时当连接晶体管输出（即集电极开路输出）例如可编程控制器（PLC）时，将晶体管输出用的外部电源公共端接到该端子时，可以防止因漏电引起的误动作；DC 24V 电源公共端：DC 24V 0.1A 电源（端子 PC）的公共输出端子，与端子 5 及端子 SE 绝缘。

⑧ PC 外部晶体管公共端（漏型）（初始设定）：漏型逻辑时当连接晶体管输出（即集电极开路输出）例如可编程控制器（PLC）时，将晶体管输出用的外部电源公共端接到该端子时，可以防止因漏电引起的误动作；接点输入公共端：接点输入端子（源型逻辑）的公共端子；DC 24V 电源：可作为 DC 24V、0.1A 的电源使用；

⑨ 频率设定用电源 10：作为外接频率设定（速度设定）用电位器时的电源使用（按照 Pr.73 模拟量输入选择）。

⑩ 频率设定（电压）2：如果输入 DC 0~5V（或 0~10V），在 5V（10V）时为最大输出频率，输入输出成正比，通过 Pr.73 进行 DC 0~5V（初始设定）和 DC 0~10V 输入的切换操作。

⑪ 频率设定（电流）4：若输入 DC 4~20mA（或 0~5V，0~10V），在 20mA 时为最大输出频率，输入输出成正比。只有 AU 信号为 ON 时端子 4 的输入信号才会有效（端子 2 的输入将无效）。通过 Pr.267 进行 4~20mA（初始设定）和 DC 0~5V、DC 0~10V 输入的切换操作。电压输入（0~5V/0~10V）时，请将电压/电流输入切换开关切换至"V"。

⑫ 频率设定公共端 5：频率设定信号（端子 2 或 4）及端子 AM 的公共端。请勿接大地。

控制电路接点输出端子的功能说明：

① 继电器输出（A、B、C）：指示变频器因保护功能动作时输出停止的接点输出。异常时 B—C 间不导通（A—C 间导通），正常时 B—C 间导通（A—C 间不导通）。

② 集电极开路（RUN、FU、SE）。变频器正在运行 RUN：变频器输出频率大于或等于启动频率（初始值 0.5Hz）时为低电平，已停止或正在直流制动时为高电平；频率检测 FU：输出频率大于或等于任意设定的检测频率时为低电平，未达到时为高电平；集电极开路输出公共端 SE：端子 RUN、FU 的公共端子。

③ 模拟电压输出 AM：可以从多种监示项目中选一种作为输出。变频器复位中不被输出。输出信号与监示项目的大小成比例

控制电路网络接口的功能说明：

① PU 接口 RS-485：通过 PU 接口，可进行 RS-485 通信。

◆ 标准规格：EIA-485（RS-485）；

◆ 传输方式：多站点通信；

◆ 通信速率：4800～38400bps；

◆ 总长距离：500m。

② USB 接口：与个人电脑通过 USB 连接后，可以实现 FR Configurator 的操作。

◆ 接口：USB1.1 标准；

◆ 传输速度：12Mbps；

◆ 连接器：USB 迷你-B 连接器（插座：迷你-B 型）。

三、变频器的工作原理认知

1. 交-直-交变频器的基本工作原理

变频器的功能就是将频率、电压都固定的交流电源变成频率、电压都连续可调的三相交流电源。按照变换环节有无直流环节可以分为交-交变频器和交-直-交变频器。

（1）交-直-交变频器的主电路　交-直-交变频器的主电路如图 2-1-7 所示。可以分为以下几部分。

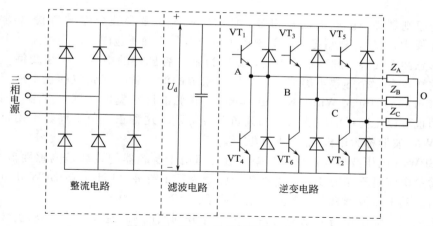

图 2-1-7　交-直-交变频器的主电路

① 整流电路——交-直部分整流电路。通常由二极管或晶闸管构成的桥式电路组成。根据输入电源的不同，分为单相桥式整流电路和三相桥式整流电路。我国常用的小功率的变频器多数为单相 220V 输入，较大功率的变频器多数为三相 380V（线电压）输入。

② 中间环节——滤波电路。根据储能元件不同，可分为电容滤波和电感滤波两种。由于电容两端的电压不能突变，流过电感的电流不能突变，所以用电容滤波就构成电压源型变频器，用电感滤波就构成电流源型变频器。

③ 逆变电路——直-交部分。逆变电路是交-直-交变频器的核心部分，其中 6 个三极管按其导通顺序分别用 $VT_1 \sim VT_6$ 表示，与三极管反向并联的二极管起续流作用。

按每个三极管的导通电角度又分为 120°导通型和 180°导通型两种类型。逆变电路的输出电压为阶梯波，虽然不是正弦波，却是彼此相差 120°的交流电压，即实现了从直流电到交流电的逆变。输出电压的频率取决于逆变器开关器件的切换频率，达到了变频的目的。

实际逆变电路除了基本元件三极管和续流二极管外，还有保护半导体元件的缓冲电路，三极管也可以用门极可关断晶闸管代替。

（2）SPWM控制技术原理 人们期望通用变频器的输出电压波形是纯粹的正弦波形，但就目前技术而言，还不能制造功率大、体积小、输出波形如同正弦波发生器那样标准的可变频变压的逆变器。目前技术很容易实现的一种方法是：逆变器的输出波形是一系列等幅不等宽的矩形脉冲波形，这些波形与正弦波等效，如图2-1-8所示。

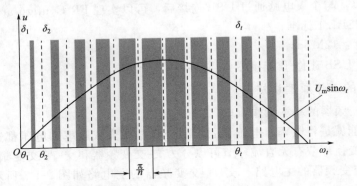

图 2-1-8 单极式 SPWM 电压波形

等效的原则是每一区间的面积相等。如果把一个正弦半波分作 n 等份（图中 n 等于12，实际 n 要大得多），然后把每一等份的正弦曲线与横轴所包围的面积都用一个与此面积相等的矩形脉冲来代替，脉冲幅值不变，宽度为 δ_t，各脉冲的中点与正弦波每一等份的中点重合。这样，有 n 个等幅不等宽的矩形脉冲组成的波形就与正弦波的正半周等效，称为SPWM（Sinusoidal Pulse Width Modulation——正弦波脉冲宽度调制）波形。同样，正弦波的负半周也可以用同样的方法与一系列负脉冲等效。这种正、负半周分别用正、负半周等效的 SPWM 波形称为单极式 SPWM 波形。

虽然 SPWM 电压波形与正弦波相差甚远，但由于变频器的负载是电感性负载电动机，而流过电感的电流是不能突变的，当把调制频率为几千赫兹（kHz）的 SPWM 电压波形加到电动机时，其电流波形就是比较好的正弦波了。

（3）通用变频器电压与频率的关系 为了充分利用电机铁芯，发挥电动机转矩的最佳性能，适合各种不同种类的负载，通用变频器电压与频率之间的关系如图 2-1-9 所示。

① 基频以下调速。

在基频（额定频率）以下调速，电压和频率同时变化，但变化的曲线不同，需要在使用变频器时，根据负载的性质设定。

a. 曲线 n。对于曲线 n，U/f＝常数，属于恒压频比控制方式，适合于恒转矩负载。

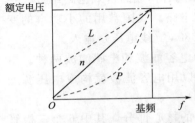

图 2-1-9 电压与频率之间的关系

b. 曲线 L。曲线 L 也适合于恒转矩负载，但频率为零时，电压不为零，在电动机并联时使用或某些特殊电动机选用曲线 L。

c. 曲线 P。曲线 P 适合于可变转矩负载，主要用于泵类负载和风机负载。

② 基频以上调速。

在基频以上调速时，频率可以从基频往上增高，但电压 U 却始终保持为额定电压，输出功率基本保持不变。所以，在基频以上变频调速属于恒功率调速。

由此可见，通用变频器属于变压变频（VVVF）装置，其中"VVVF"是英文"Variable Voltage Variable Frequency"的缩写。这是通用变频器工作的最基本方式，也是设计变频器时所满足的最基本要求。

2. 交-交变频器的基本原理

交-交变频器是指无直流中间环节，直接将电网固定频率的恒压恒频（CVCF）交流电源变换成变压变频（VVVF）交流电源的变频器，因此称之为"直接"变压变频器或交-交变频器，也称周波变换器（Cycloconverter）。

在有源逆变电路中，若采用两组反向并联的晶闸管整流电路，适当控制各组晶闸管的关断与导通，就可以在负载上得到电压极性和大小都改变的直流电压。若再适当控制正反两组晶闸管的切换频率，在负载两端就能得到交变的输出电压，从而实现交-交直接变频。

单相输出的交-交变频器如图 2-1-10 所示。它实质上是一套三相桥式无环流反并联的可逆装置。正、反向两组晶闸管按一定周期相互切换。正向组工作时，反向组关断，在负载上得到正向电压；反向组工作时，正向组关断，在负载上得到反向电压。工作晶闸管的关断通过交流电源的自然换相来实现。这样，在负载上就获得了交变的输出电压 u_o。

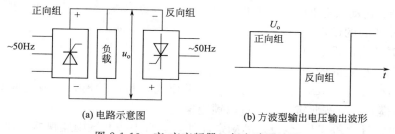

(a) 电路示意图　　　　　　(b) 方波型输出电压输出波形

图 2-1-10　交-交变频器一相电路及波形

交-交变频器的运行方式分为无环流运行方式、自然环流运行方式。

① 无环流运行方式。采用这种运行方式的优点是系统简单，成本较低。但缺点也很明显，决不允许两组整流器同时获得触发脉冲而形成环流，因为环流的出现将造成电源短路。由于这一原因，必须等到一组整流器的电流完全消失后，另一组整流器才允许导通。切换延时是必不可少的，而且延时较长。一般情况下这种结构能提供的输出电压的最高频率只是电网频率的 1/3 或更低。

② 自然环流运行方式。如果同时对两组整流器施加触发脉冲，正向组的触发角 α_P 与反向组的触发角 α_N 之间保持 $\alpha_P + \alpha_N = \pi$，这种控制方式称为自然环流运行方式。为限制环流，在正、反向组间接有抑制环流的电抗器。这种运行方式的交-交变频器，除有因纹波电压瞬时值不同而引起的环流外，还存在着环流电抗器在交流输出电流作用下引起的"自感应环流"。

四、熟悉变频器的面板结构

使用变频器之前，首先要熟悉它的面板显示和键盘操作单元（或称控制单元），并且按使用现场的要求合理设置参数。FR-E700 系列变频器的参数设置，通常利用固定在其上的操作面板（不能拆下）实现，也可以使用连接到变频器 PU 接口的参数单元（FR-PU07）实现。使用操作面板可以进行运行方式、频率的设定、运行指令监视、参数设定、错误表示等。操作面板如图 2-1-11 所示，其上半部分为面板显示器，下半部分为 M 旋钮和各种按键。

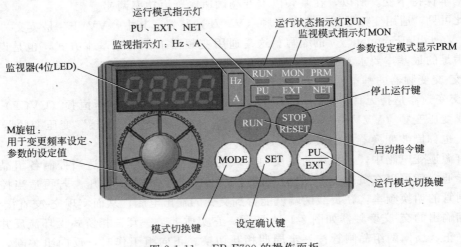

图 2-1-11　FR-E700 的操作面板

1. 旋钮、按键功能

① M 旋钮：旋动该旋钮用于变更频率设定、参数的设定值。按下该旋钮可显示以下内容：

◆ 监视模式时的设定频率。

◆ 校正时的当前设定值。

◆ 报警历史模式时的顺序。

② 模式切换键"MODE"：用于切换各设定模式。和运行模式切换键同时按下也可以用来切换运行模式。长按此键（2s）可以锁定操作。

③ 设定确定键"SET"：各设定的确定此外，运行中按此键则监视器出现以下显示：

运行频率→输出电流→输出电压→运行频率

④ 运行模式切换键"PU/EXT"：用于切换 PU/外部运行模式。

使用外部运行模式（通过另接的频率设定电位器和启动信号启动的运行）时请按此键，使表示运行模式的"EXT"处于亮灯状态。

切换至组合模式时，可同时按"MODE"键 0.5s，或者变更参数 Pr.79。

⑤ 启动指令键"RUN"：在 PU 模式下，按此键启动运行。通过 Pr.40 的设定，可以选择旋转方向。

⑥ 停止运行键"STOP/RESET"：在 PU 模式下，按此键停止运转。保护功能（严重故障）生效时，也可以进行报警复位。

2. 运行状态显示

① PU：PU 运行模式时亮灯。

② EXT：外部运行模式时亮灯。

③ NET：网络运行模式时亮灯。

④ 监视器（4 位 LED）：显示频率、参数编号等。

⑤ 监视数据单位显示：Hz，显示频率时亮灯；A，显示电流时亮灯（显示电压时熄灯，显示设定频率监视时闪烁）。

⑥ 运行状态显示"RUN"：变频器动作中亮灯或者闪烁。其中：亮灯——正转运行中；缓慢闪烁（1.4s 循环）——反转运行中。

下列情况下出现快速闪烁（0.2s 循环）：

◆ 按键或输入启动指令都无法运行时；

◆ 有启动指令，但频率指令在启动频率以下时；

◆ 输入了 MRS 信号时。

⑦ 参数设定模式显示"PRM"：参数设定模式时亮灯。

⑧ 监视器显示"MON"：监视模式时亮灯。

3. 变频器的运行模式

在变频器不同的运行模式下，各种按键、M 旋钮的功能各异。所谓运行模式是指对输入到变频器的启动指令和设定频率的命令来源的指定。

一般来说，使用控制电路端子、在外部设置电位器和开关来进行操作的是"外部运行模式"，使用操作面板或参数单元输入启动指令、设定频率的是"PU 运行模式"，通过 PU 接口进行 RS-485 通信或使用通信元件的是"网络运行模式（NET 运行模式）"。在进行变频器操作以前，必须了解其各种运行模式，才能进行各项操作。

FR-E700 系列变频器通过参数 Pr.79 的值来指定变频器的运行模式，设定值范围为 0，1，2，3，4，5，6，7；这 8 种运行模式的内容以及相关 LED 指示灯的状态如表 2-1-1 所示。

表 2-1-1　运行模式选择（Pr.79）

设定值	内　　容	LED 显示状态（灭灯／亮灯）
0	外部/PU 切换模式，通过"PU/EXT"键可切换 PU 与外部运行模式。注意：接通电源时为外部运行模式	外部运行模式：EXT PU 运行模式：PU
1	固定为 PU 运行模式	PU
2	固定为外部运行模式 可以在外部、网络运行模式间切换运行	外部运行模式：EXT 网络运行模式：NET
3	外部/PU 组合运行模式 1	PU　EXT
3	**频率指令**：用操作面板设定或用参数单元设定，或外部信号输入［多段速度设定端子 4-5 间（AU 信号 ON 时有效）］　**启动指令**：外部信号输入（端子 STF、STR）	
4	外部/PU 组合运行模式 2	PU　EXT
5	**频率指令**：外部信号输入（端子 2、4、JOG、多段速度选择等）　**启动指令**：通过操作面板的"RUN"键，或通过参数单元的 FWD、REV 键来输入	
6	切换模式：可以在保持运行状态的同时，进行 PU 运行、外部运行、网络运行的切换	PU 运行模式：PU 外部运行模式：EXT 网络运行模式：NET
7	外部运行模式（PU 运行互锁） X12 信号 ON 时，可切换到 PU 运行模式（外部运行中输出停止） X12 信号 OFF 时，禁止切换到 PU 运行模式	PU 运行模式：PU 外部运行模式：NET

变频器出厂时，参数 Pr.79 设定值为 0。当停止运行时用户可以根据实际需要修改其设定值。

修改 Pr.79 设定值的一种方法是，同时按住"MODE"键和"PU/EXT"键 0.5s，然后旋动 M 旋钮，选择合适的 Pr.79 参数值，再用"SET"键确定。图 2-1-12 是把 Pr.79 设定为"4"（组合模式 2）的例子。

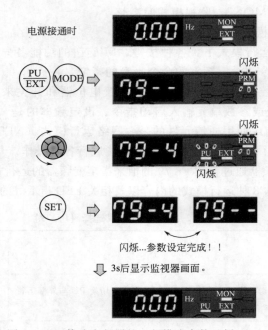

图 2-1-12　修改变频器的运行模式参数示例

五、变频器的控制端子认知

变频器能把电压、频率固定的交流电变换成电压、频率连续可调的交流电。变频器与外界的联系靠接线端子相连，接线端子又分主端子和控制端子，变频器控制端子见学习任务二、变频器安装和接线。

变频器的输入端分为三相输入和单相输入两种，而输出端均为三相输出，三相输入的主端子如图 2-1-13 所示，单相输入的主端子如图 2-1-14 所示。

⏚	⏚	R/L1	S/L2	T/L3		
PO	PA/+	PB	PC/-	U/T1	V/T2	W/T3

图 2-1-13　三相输入变频器主端子

⏚	⏚	R/L1	S/L2			
PO	PA/+	PB	PC/-	U/T1	V/T2	W/T3

图 2-1-14　单相输入变频器主端子

变频器在出厂时，已将"PO"和"PA/＋"两个端子用短路片接在一起，通常不能断开，但在使用外接电抗器时，拆下短路片接电抗器。"PB"和"PA/＋"接内部制动电阻，需要使用外接制动电阻时，应先拆下内部接线，这两个端子接制动电阻。一般情况下，"PO"、"PA／＋"、"PB"、"PC／－"4个端子不需要接线，且出厂时的接线也不要拆。

不同品牌的变频器的主电路端子基本相同。变频器主电路的接线包括接工频电网的输入端（三相 R/L1、S/L2、T/L3，单相 R/L1、S/L2）和接电动机的电压、频率连续可调的输出端（U/T1、V/T2、W/T3），若变频器单相输入、则三相输出。

实际上，最常用的接线如图 2-1-15 所示，其中图 2-1-15（a）为三相输入，图 2-1-15（b）为单相输入，QS 为空气开关，图 2-1-16 是变频器与电动机的接线。

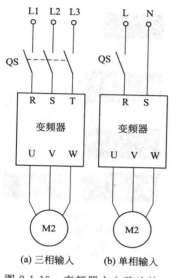

(a) 三相输入　　(b) 单相输入

图 2-1-15　变频器主电路连接

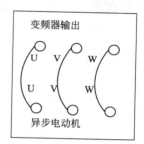

图 2-1-16　变频器与电动机的连接

六、变频器常用参数功能及设置

变频器参数的出厂设定值被设置为完成简单的变速运行。如需按照负载和操作要求设定参数，则应进入参数设定模式，先选定参数号，然后设置其参数值。设定参数分两种情况，一种是停机 STOP 方式下重新设定参数，这时可设定所有参数；另一种是在运行时设定，这时只允许设定部分参数，但是可以核对所有参数号及参数。图 2-1-17 是参数设定过程的一个例子，所完成的操作是把参数 Pr.1（上限频率）从出厂设定值 120.0Hz 变更为 50.0Hz，假定当前运行模式为外部／PU 切换模式（Pr.79＝0）。

FR-E700 变频器有几百个参数，实际使用时，只需根据使用现场的要求设定部分参数，其余按出厂设定即可。一些常用参数，例如变频器的运行环境：驱动电动机的规格、运行的限制；参数的初始化；电动机的启动、运行和调速、制动等命令的来源，频率的设置等方面，则是应该熟悉的。

下面介绍一些常用参数的设定。关于参数设定更详细的说明请参阅 FR-E700 使用手册。

1. 输出频率的限制（Pr.1、Pr.2、Pr.18）

为了限制电动机的速度，应对变频器的输出频率加以限制。用 Pr.1 "上限频率" 和 Pr.2 "下限频率" 来设定，可将输出频率的上、下限钳位。

当在 120Hz 以上运行时，用参数 Pr.18 "高速上限频率" 设定高速输出频率的上限。

Pr.1 与 Pr.2 出厂设定范围为 0～120Hz，出厂设定值分别为 120Hz 和 0Hz。Pr.18 出厂设定范围为 120～400Hz。输出频率和设定值的关系如图 2-1-18 所示。

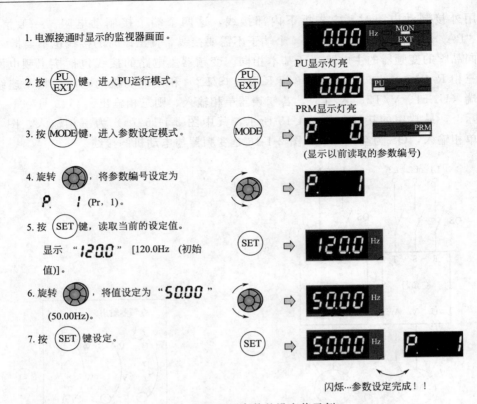

图 2-1-17　变更参数的设定值示例

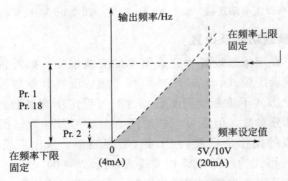

图 2-1-18　输出频率与设定频率关系

2. 加减速时间 (Pr.7、Pr.8、Pr.20、Pr.21)

各参数的意义及设定范围如表 2-1-2 所示。

表 2-1-2　加减速时间相关参数的意义及设定范围

参 数 编 号	参 数 意 义	出 厂 设 定	设 定 范 围	备　注
Pr.7	加速时间	5s	0～3600/360s	根据 Pr.21 加减速时间单位的设定 值进行设定。初始值的设定范围为 "0～3600s"、设定单位为"0.1s"
Pr.8	减速时间	5s	0～3600/360s	
Pr.20	加/减速基准频率	50Hz	1～400Hz	
Pr.21	加/减速时间单位	0	0/1	0：0～3600s；单位：0.1s 1：0～360s；单位：0.01s

（1）Pr.20 为加/减速的基准频率，在我国就选为 50Hz。

（2）Pr.7 加速时间用于设定从停止到 Pr.20 加减速基准频率的加速时间。

（3）Pr.8 减速时间用于设定从 Pr.20 加减速基准频率到停止的减速时间。

3. 直流制动（Pr.10～Pr.12）

直流制动是通过向电动机施加直流电压来使电动机轴不转动的。其参数包括：动作频率的设定（Pr.10），动作时间的设定（Pr.11），动作电压（转矩）的设定（Pr.12）等 3 个参数。各参数的意义及设定范围如表 2-1-3 所示。

表 2-1-3　直流制动参数的意义及设定范围

参 数 编 号	参 数 意 义	出 厂 设 定	设 定 范 围	备 注
10	直流制动动作频率	3Hz	0～120Hz	直流制动的动作频率
11	直流制动动作时间	0.5s	0	无直流制动
			0.1～10s	直流制动的动作时间
12	直流制动动作电压	0.4～7.5kV（4%）	0～30%	直流制动电压（转矩）设定为"0"时，无直流制动

4. 多段速度运行模式的操作

变频器在外部操作模式或组合操作模式 2 下，变频器可以通过外接的开关器件的组合通断改变输入端子的状态来实现调速。这种控制频率的方式称为多段速度控制功能。

FR-E740 变频器的速度控制端子是 RH、RM 和 RL。通过这些开关的组合可以实现 3 段、7 段的控制。

转速的切换：由于转速的挡次是按二进制的顺序排列的，故三个输入端可以组合成 3～7 挡（0 状态不计）转速。其中，3 段速由 RH、RM、RL 单个通断来实现。7 段速由 RH、RM、RL 通断的组合来实现。

7 段速的各自运行频率则由参数 Pr.4～Pr.6（设置前 3 段速的频率）、Pr.24～Pr.27（设置第 4 段速至第 7 段速的频率）。对应的控制端状态及参数关系见图 2-1-19。

参数编号	初始值	设定范围	备注
4	50Hz	0～400Hz	
5	30Hz	0～400Hz	
6	10Hz	0～400Hz	
24～27	9999	0～400Hz、9999	9999　未选择

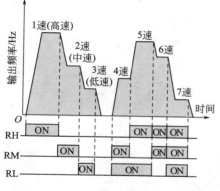

1速：RH单独接通，Pr.4设定频率

2速：RM单独接通，Pr.5设定频率

3速：RL单独接通，Pr.6设定频率

4速：RM、RL同时接通，Pr.24设定频率

5速：RH、RL同时接通，Pr.25设定频率

6速：RH、RM同时接通，Pr.26设定频率

7速：RH、RM、RL全通，Pr.27设定频率

图 2-1-19　对应的控制端状态及参数关系

多段速度设定在 PU 运行和外部运行中都可以设定。运行期间参数值也能被改变。

在 3 速设定的场合，2 速以上同时被选择时，低速信号的设定频率优先。

最后指出，如果把参数 Pr. 183 设置为 8，将 RMS 端子的功能转换成多速段控制端子 REX，就可以用 RH、RM、RL 和 REX 通断的组合来实现 15 段速。详细的说明请参阅 FR-E700 使用手册。

5. 通过模拟量输入（端子 2、4）设定频率

频率设定，除了用 PLC 输出端子控制多段速度设定外，也有连续设定频率的需求。例如在变频器安装和接线完成进行运行试验时，常常用调速电位器连接到变频器的模拟量输入信号端，进行连续调速试验。此外，在触摸屏上指定变频器的频率，则此频率也应该是连续可调的。需要注意的是，如果要用模拟量输入（端子 2、4）设定频率，则 RH、RM、RL 端子应断开，否则多段速度设定优先。

（1）模拟量输入信号端子的选择。FR-E700 系列变频器提供 2 个模拟量输入信号端子（端子 2、4）用作连续变化的频率设定。在出厂设定情况下，只能使用端子 2，端子 4 无效。

要使端子 4 有效，需要在各接点输入端子 STF、STR、…RES 之中选择一个，将其功能定义为 AU 信号输入。则当这个端子与 SD 端子短接时，AU 信号为 ON，端子 4 变为有效，端子 2 变为无效。

例：选择 RES 端子用作 AU 信号输入，则设置参数 Pr. 184 = "4"，在 RES 端子与 SD 端之间连接一个开关，当此开关断开时，AU 信号为 OFF，端子 2 有效；反之，当此开关接通时，AU 信号为 ON，端子 4 有效。

（2）模拟量信号的输入规格。如果使用端子 2，模拟量信号可为 0～5V 或 0～10V 的电压信号，用参数 Pr. 73 指定，其出厂设定值为 1，指定为 0～5V 的输入规格，并且不能可逆运行。参数 Pr. 73 参数的取值范围为 0，1，10，11，具体内容见表 2-1-4。

如果使用端子 4，模拟量信号可为电压输入（0～5V、0～10V）或电流输入（4～20mA 初始值），用参数 Pr. 267 和电压/电流输入切换开关设定，并且要输入与设定相符的模拟量信号。Pr. 267 取值范围为 0，1，2，具体内容见表 2-1-4。

必须注意的是，若发生切换开关与输入信号不匹配的错误（例如开关设定为电流输入 I，但端子输入却为电压信号；或反之）时，会导致外部输入设备或变频器故障。

对于频率设定信号（DC 0～5V、0～10V 或 4～20mA）的相应输出频率的大小可用参数 Pr. 125（对端子 2）或 Pr. 126（对端子 4）设定，用于确定输入增益（最大）的频率。它们的出厂设定值均为 50Hz，设定范围为 0～400Hz。

表 2-1-4　模拟量输入选择（Pr. 73、Pr. 267）

参数编号	名　称	初始值	设定范围	内　容	
73	模拟量 输入选择	1	0	端子 2 输入 0～10V	无可逆运行
			1	端子 2 输入 0～5V	
			10	端子 2 输入 0～10V	有可逆运行
			11	端子 2 输入 0～5V	
267	端子 4 输入选择	0		电压/电流输入切换开关	内容
			0	I ⬚ V	端子 4 输入 4～20mA
			1	I ⬚ V	端子 4 输入 0～5V
			2	I ⬚ V	端子 4 输入 0～10V

注：电压输入时，输入电阻 10kΩ±1kΩ，最大容许电压 DC20V；电流输入时，输入电阻 233Ω±5Ω，最大容许电流 30mA。

6. 参数清除

如果用户在参数调试过程中遇到问题，并且希望重新开始调试，可用参数清除操作方法实现。即在 PU 运行模式下，设定 Pr. CL 参数清除、ALLC 参数全部清除均为"1"，可使参数恢复为初始值（但如果设定 Pr. 77 参数写入选择＝"1"，则无法清除）。

参数清除操作，需要在参数设定模式下，用 M 旋钮选择参数编号为 Pr. CL 和 ALLC，把它们的值均置为 1，操作步骤如图 2-1-20 所示。

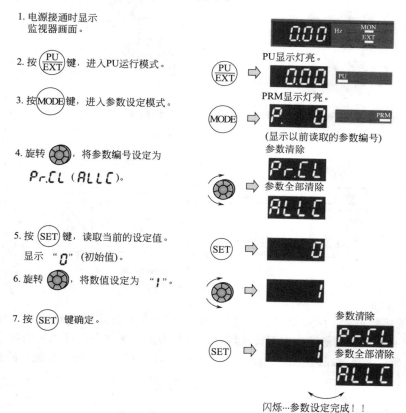

1. 电源接通时显示监视器画面。

2. 按 PU/EXT 键，进入PU运行模式。　PU显示灯亮。

3. 按 MODE 键，进入参数设定模式。　PRM显示灯亮。（显示以前读取的参数编号）

4. 旋转，将参数编号设定为 Pr.CL（ALLC）。　参数清除 Pr.CL　参数全部清除 ALLC

5. 按 SET 键，读取当前的设定值。显示"0"（初始值）。

6. 旋转，将数值设定为"1"。

7. 按 SET 键确定。　参数清除 Pr.CL　参数全部清除 ALLC

闪烁…参数设定完成！！

图 2-1-20　参数全部清除的操作示意

七、常用低压电器的识别与选用

（一）接触器

接触器是适用于远距离频繁接通或断开交、直流电路的一种自动控制电器。主要控制对象是电动机，也可以用于控制其他电力负载如电热器、电照明、电焊机与电容器组等。接触器具有操作频率高、使用寿命长、工作可靠、性能稳定、维护方便等优点，同时还具有低压释放保护功能，因此，在电力拖动和自动控制系统中，接触器是运用最广泛的控制电器之一。

1. 接触器的结构

接触器是用来自动地接通或断开大电流电路的电器。按控制电流性质不同，接触器分为交流接触器和直流接触器两大类。在继电接触器控制电路中，交流接触器用的较多，交流接触器主要由电磁机构、触点系统及灭弧装置组成。图 2-1-21 (a)、(b) 所示为 CJX1 系列交流接触器的外形图及结构示意图。

（1）电磁机构　交流接触器的电磁机构由线圈、铁芯（又称静铁芯）和衔铁（又称动铁芯）组成，如图 2-1-22 所示。

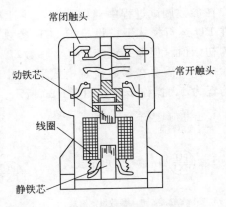

(a) CJX1系列交流接触器外形图　　　　(b) CJX1系列交流接触器结构示意图

图 2-1-21　CJX1 系列交流接触器的外形及结构示意图

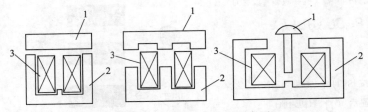

图 2-1-22　电磁机构结构示意图
1—衔铁；2—铁芯；3—吸引线圈

（2）触点系统

① 触点的接触形式。触点是电器的执行机构，它在衔铁的带动下起接通和分断电路的作用。触点形式有桥式和指形结构，而桥式触点又可分为点接触式和面接触式两种。其中点接触式适用于小电流；面接触式适用于大电流。图 2-1-23（a）、（b）、（c）所示为触点的结构形式。

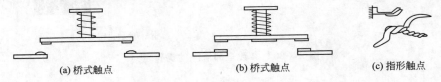

(a) 桥式触点　　　　　　(b) 桥式触点　　　　　(c) 指形触点

图 2-1-23　触点的结构形式

② 触点的分类。触点按运动情况可分为静触点和动触点，固定不动的称为静触点；由连杆带着移动的称为动触点。按状态可分为常开触点和常闭触点，电器触点在电器未通电或没有受到外力作用时处于闭合位置的触点称为常闭（又称动断）触点；常态时相互分开的动、静触点称为常开（又称动合）触点。按职能可分为主触点和辅助触点，常用来控制主电路的称为主触点；常用来接通和断开控制电路的称为辅助触点。如图 2-1-24 所示。

（3）灭弧系统　在触点由闭合状态过渡到断开状态的瞬间，触头间隙中有电子流产生弧状的火花，称电弧。炽热的电弧会烧坏触头，造成短路、火灾或其他事故，故应采取适当的措施熄灭电弧。容量在 10A 以上的接触器都有灭弧装置，在低压控制电器中，常用的灭弧方法和装置有：电动力灭弧、磁吹灭弧、栅片灭弧、灭弧罩灭弧几种。图 2-1-25 所示为栅片灭弧示意图，灭弧栅是由数片钢片制成的栅状装置，当触点断开发生电弧时，电弧进入栅片内，被分割为数段，从而迅速熄灭。

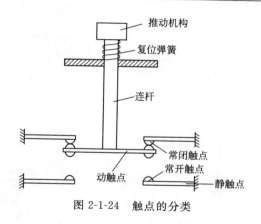

图 2-1-24　触点的分类

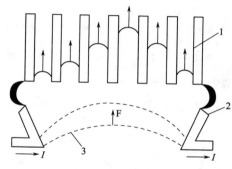

图 2-1-25　栅片灭弧示意图
1—灭弧栅片；2—触点；3—电弧

2. 工作原理

交流接触器主触点的动触点装在与衔铁相连的连杆上，静触点固定在壳体上。当线圈得电后，线圈产生磁场，使静铁芯产生电磁吸力，将衔铁吸合。衔铁带动动触点动作，使常闭触点先断开，常开触点后闭合，分断或接通相关电路。反之线圈失电时，电磁吸力消失，衔铁在反作用弹簧的作用下释放，各触点随之复位。如图 2-1-26 所示。

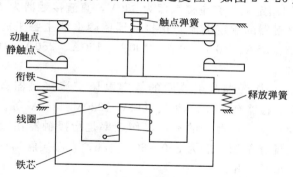

图 2-1-26　交流接触器的工作原理示意图

3. 接触器的表示方法

接触器主要用型号及电气符号来表示。

（1）交流接触器型号。

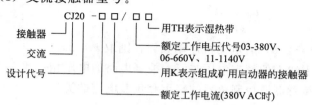

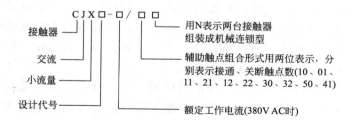

（2）直流接触器型号。

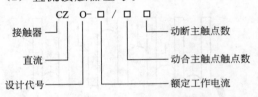

（3）电气符号。如图 2-1-27 所示。

图 2-1-27　接触器图形、文字符号

4. 接触器的主要技术参数及选用

（1）额定电压。额定电压是指接触器铭牌上的主触头的电压。交流接触器的额定电压一般为 220V、380V、660V 及 1140V；直流接触器的额定电压一般为 220V、440V 及 660V。辅助触点的常用额定电压交流接触器为 380V，直流接触器为 220V。

（2）额定电流。接触器的额定电流是指接触器铭牌上的主触头的电流。接触器电流等级为：6A、10A、16A、25A、40A、60A、100A、160A、250A、400A、600A、1000A、1600A、2500A 及 4000A。

（3）线圈额定电压。接触器吸引线圈的额定电压交流接触器有 36V、110V、117V、220V、380V 等；直流接触器有 24V、48V、110V、220V、440V 等。

（4）额定操作频率。交流接触器的额定操作频率是指接触器在额定工作状态下每小时通、断电路的次数。交流接触器一般为 300～600 次/h，直流接触器的额定操作频率比交流接触器的高，可达到 1200 次/h。

5. 接触器的选用

（1）额定电压的选择。接触器的额定电压不小于负载回路的电压。

（2）额定电流的选择。一般接触器的额定电流不小于被控回路的额定电流。对于电动机负载额定电流可按经验公式

计算：
$$I_C = \frac{P_N \times 10^3}{k U_N}$$

式中，k 为经验系数，通常取 $k=2.5$，若电动机启动频繁，则取 $k=2$。

（3）吸引线圈的额定电压。吸引线圈的额定电压与所接控制电路的电压相一致。

此外，接触器的选用还应考虑接触器所控制负载的轻重和负载电流的类型。

（二）继电器

继电器是根据电量或非电量输入信号的变化，来接通或断开控制电路，实现对电路的自动控制和对电力装置实行保护的自动控制电器。继电器特点如下：继电器用于控制电信线路、仪表线路、自控装置等小电流电路及控制电路，没有灭弧装置；继电器的输入信号可以是电量或非电量，如电压、电流、时间、压力、速度等。

继电器的种类很多，按用途可分为控制继电器、保护继电器、中间继电器等；按其工作原理可分为电磁式继电器、感应式继电器、热继电器等；按其输入信号可分为电流继电

器、电压继电器、速度继电器、压力继电器、温度继电器等；按其动作时间可分为瞬时继电器、延时继电器；按其输出形式可分为有触点继电器、无触点继电器。

1. 电磁式继电器

（1）电磁式继电器结构及工作原理。电磁式继电器是以电磁力为驱动力产生电信号的电气控制元件，其结构及工作原理与接触器基本相同。主要区别在于：继电器用于控制小电流电路，没有灭弧装置，也无主触点和辅助触点之分；而接触器用来控制大电流电路，有灭弧装置，有主触点和辅助触点之分等。

电磁式继电器由电磁机构和触点系统组成。按吸引线圈在电路中的连接方式不同，可分为电流继电器、电压继电器和中间继电器等。图 2-1-28（a）、（b）、（c）为几种常用电磁式继电器的外形图。

(a) 电流继电器　　　　　　(b) 电压继电器　　　　　　(c) 中间继电器

图 2-1-28　电磁式继电器外形图

（2）电流继电器。依据线圈中通入电流大小使电路实现通断的继电器称为电流继电器。电流继电器反映的是电流信号。电流继电器的线圈常与被测电路串联。其线圈匝数少，导线粗，线圈阻抗小。电流继电器除用于电流型保护的场合外，还可用于按电流原则实现控制的场合。电流继电器有欠电流继电器和过电流继电器两种。电流继电器的型号如下：

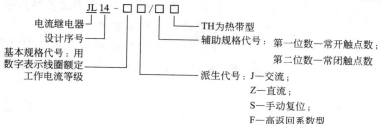

电流继电器电气符号如图 2-1-29 所示。

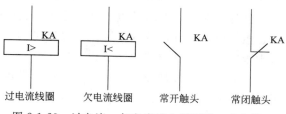

过电流线圈　　欠电流线圈　　常开触头　　常闭触头

图 2-1-29　过电流、欠电流继电器图形、文字符号

（3）电压继电器。依据线圈两端电压的大小使电路实现通断的继电器称为电压继电器。

电压继电器反映的是电压信号。使用时，电压继电器的线圈并联在被测电路中，线圈的匝数多，导线细，阻抗大。根据动作电压值不同，电压继电器可分为欠电压继电器和过电压继电器两种。电压继电器的型号如下：

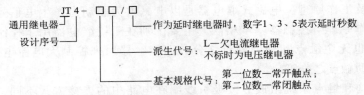

电压继电器的电气符号如图 2-1-30 所示。

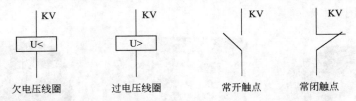

图 2-1-30　电压继电器图形、文字符号

（4）中间继电器。在继电接触器控制电路中，为解决接触器触点较少的矛盾，常采用触点较多的中间继电器，其作用是作为中间环节传递与转换信号，或同时控制多个电路。中间继电器体积小，动作灵敏度高，其基本结构及工作原理与交流接触器相似，在 10A 以下电路中可代替接触器起控制作用。中间继电器的型号如下：

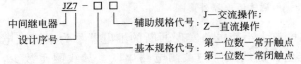

中间继电器电气符号如图 2-1-31 所示。

图 2-1-31　中间继电器图形、文字符号

选用中间继电器时，主要是根据控制电路的电压和对触点数量的需要来选择线圈额定电压等级及触点数目。

2. 电磁式继电器的主要技术参数

（1）额定工作电压：是指继电器正常工作时线圈所需要的电压。根据继电器的型号不同，可以是交流电压，也可以是直流电压。

（2）吸合电流：是指继电器能够产生吸合动作的最小电流。在正常使用时，给定的电流必须略大于吸合电流，这样继电器才能稳定地工作。

（3）释放电流：是指继电器产生释放动作的最大电流。当继电器吸合状态的电流减小到一定程度时，继电器恢复到释放状态。此时的电流会远远小于吸合电流。

（4）触点切换电压：是指继电器允许加载的电压。它决定了继电器能控制电压的大小，使用时不能超过此值，否则很容易损坏继电器的触点。

（5）触点切换电流：是指继电器允许加载的电流。它决定了继电器能控制电流的大小，使用时不能超过此值，否则很容易损坏继电器的触点。

（三）热继电器

1. 热继电器结构及工作原理

电动机在长期运行过程中若过载时间长，过载电流大，电动机绕组的温升就会超过允许值，使电动机绕组绝缘老化，缩短电动机的使用寿命，严重时甚至会使电动机绕组烧毁。因此，需要对其过载提供保护装置。热继电器是利用电流的热效应原理来工作的保护电器，主要用于电动机的过载保护。图 2-1-32（a）为 JR16 系列热继电器的外形图，图 2-1-32（b）为 JR16 系列热继电器的结构原理图，图 2-1-32（c）为差动式断相保护示意图。

　　使用时，热继电器的热元件应串接在主电路中，常闭触点应接在控制电路中。热继电器中的双金属片是由热膨胀系数不同的两片合金碾压而成的，受热后双金属片将弯曲。当电动机正常工作时，双金属片受热而膨胀弯曲的幅度不大，常闭触点闭合。当电动机过载后，通过热元件的电流增加，经过一定的时间，热元件温度升高，双金属片受热而弯曲的幅度增大，热继电器脱扣，即常闭触点断开，通过有关控制电路和控制电器的动作，切断电动机的电源而起到保护作用。

　　热继电器动作后的复位：待双金属片冷却后，手动复位的继电器必须用手按压复位按钮使热继电器复位，自动复位的热继电器其触点能自动复位。

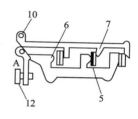

(a) JR16系列热继电器外形图　　(b) JR16系列热继电器结构原理图　　　(c) 差动式断相保护示意图

图 2-1-32　JR16 系列热继电器的外形及结构原理图

1—电流调节凸轮；2(2a、2b)—簧片；3—手动复位按钮；4—弓簧；5—双金属片；6—外导板；
7—内导板；8—常闭静触点；9—动触点；10—杠杆；11—调节螺钉；
12—补偿双金属片；13—推杆；14—连杆；15—压簧

2. 热继电器的表示方法

（1）型号。

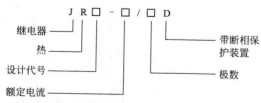

（2）电气符号。如图 2-1-33 所示。

3. 热继电器的主要技术参数及选用

　　热继电器的主要技术参数是整定电流（动作电流）。热继电器的整定电流是指热继电器的热元件允许长期通过又不致引起继电器动作的最大电流值。热继电器是根据整定电流来选用的。热继电器的整定电流稍大于所保护电动机的额定电流。

（四）时间继电器

　　时间继电器是指从接受控制信号开始，经过一定的延时后，触点才

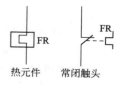

图 2-1-33　热继电器
图形、文字符号

能动作的继电器。主要用在需要时间顺序进行控制的电路中。时间继电器的种类主要有电磁式、电动式、空气阻尼式、电子式等。在继电接触控制电路中用得较多的是空气阻尼式时间继电器，其延时方式有通电延时和断电延时两种。通电延时是指接受输入信号后延迟一定的时间，输出信号才发生变化，当输入信号消失后，输出瞬时复原。断电延时是指接受输入信号后，立即产生相应的输出信号，当输入信号消失后，延迟一定的时间，输出才复原。通电延时继电器在线圈通电一段时间后常开触点闭合，常闭触点断开。断电延时继电器在线圈通电后常开触点立即闭合，常闭触点立即断开；在线圈断电一段时间后常开触点断开，常闭触点闭合。

1. 空气阻尼式时间继电器结构及工作原理

空气阻尼式时间继电器是利用空气阻尼原理获得动作延时的，它主要由电磁系统、延时机构和触点三部分组成，触头系统采用微动开关，延时机构是利用空气通过小孔的节流原理的气囊式阻尼器。图 2-1-34 (a) 为 JS7 系列空气阻尼式时间继电器的外形图，图 2-1-34 (b)、(c) 分别为通电延时型和断电延时型时间继电器的结构原理图。

(a) JS7系列空气阻尼式时间继电器的外形图

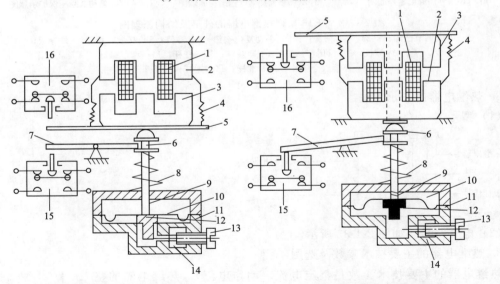

(b) 通电延时型时间继电器结构原理图　　　　(c) 断电延时型时间继电器结构原理图

图 2-1-34　JS7-A 系列空气阻尼式时间继电器的外形及结构原理图

1—线圈；2—铁芯；3—衔铁；4—反力弹簧；5—推板；6—活塞杆；7—杠杆；8—塔形弹簧；9—弱弹簧；10—橡皮膜；11—空气室壁；12—活塞；13—调节螺钉；14—进气孔；15，16—微动开关

当吸引线圈 1 通电时产生电磁吸力，静铁芯 2 将动铁芯衔铁 3 向上吸合，带动推板 5

上移，在推板的作用下微动开关 16 立即动作，其常闭触点断开（称瞬间动作的常闭触点），常开触点闭合（称瞬间动作的常开触点）。活塞杆 6 在塔形弹簧 8 作用下，带动活塞 12 及橡皮膜 10 向上移动，由于橡皮膜下方空气室中空气稀薄而形成负压，因此活塞杆 6 不能迅速上移。当空气由进气孔 14 进入时，活塞杆 6 才逐渐上移。经过一定时间后，活塞杆移到最上端时，在杠杆 7 的作用下微动开关 15 才动作，其常闭触点断开（称延时断开的常闭触点），常开触点闭合（称延时闭合的常开触点）。从线圈通电开始到延时动作的触点动作后为止，这段时间间隔就是时间继电器的延时时间。延时时间的长短可通过调节螺钉 13 调节进气孔的大小来改变。JS7 和 JS16 系列空气式时间继电器的延时调节范围有 0.4～60s 和 0.4～180s 两种。

当吸引线圈 1 断电后，动铁芯 2 在反力弹簧 4 作用下迅速复位，同时在动铁芯的挤压下，活塞杆 6、橡皮膜 10 等迅速下移复位，空气室的空气从排气孔口立即排出，微动开关 15、16 都迅速回复到线圈失电时的状态。

上述为通电延时的时间继电器，另一种是断电延时的空气式时间继电器，它们结构略有不同。只要改变电磁机构的安装方向，便可实现不同的延时方式：当衔铁位于铁芯和延时机构之间时为通电延时，如图 2-1-34（b）所示；当铁芯位于衔铁和延时机构之间时为断电延时，如图 2-1-34（c）所示。空气阻尼式时间继电器的延时范围较大（0.4～180s），结构简单，寿命长，价格低。但其延时误差较大，无调节刻度指示，难以确定整定延时值。在对延时精度要求较高的场合，不宜使用这种时间继电器。

2. 时间继电器的表示方法

（1）型号。

（2）电气符号。

时间继电器的电气符号如图 2-1-35 所示。

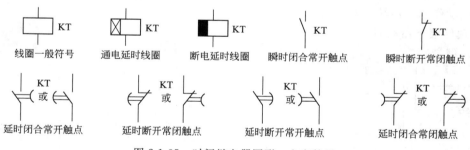

图 2-1-35　时间继电器图形、文字符号

3. 时间继电器的主要技术参数及选用

时间继电器的主要技术参数有额定电压、额定电流、额定控制容量、吸引线圈电压、延时范围等。时间继电器的选用应考虑电流的种类、电压等级以及控制线路对触点延时方式的要求。此外，还应考虑时间继电器的延时范围和精度要求等。

（五）速度继电器

1. 速度继电器的结构及工作原理

速度继电器是当转速达到规定值时动作的继电器，其作用是与接触器配合实现对电动机的反接制动，所以又称为反制动继电器。速度继电器主要由转子、定子和触点三部分组成。图 2-1-36 所示为速度继电器的结构原理图。

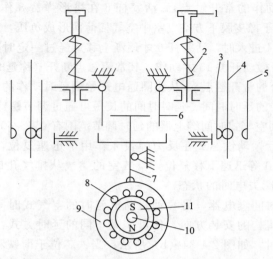

图 2-1-36　速度继电器的结构原理图
1—螺钉；2—反力弹簧；3—常闭触点；4—动触点；5—常开触点；6—返回杠杆；
7—杠杆；8—定子导体；9—定子；10—转轴；11—转子

　　速度继电器的转轴与电动机的轴相连，当电动机转动时，速度继电器的转子随着一起转动，产生旋转磁场，定子绕组便切割磁感线产生感应电动势，而后产生感应电流，载流导体在转子磁场作用下产生电磁转矩，使定子开始转动。当定子转过一定角度时，带动杠杆推动触点，使常闭触点断开，常开触点闭合，在杠杆推动触点的同时也压缩反力弹簧，其反作用力阻止定子继续转动。当电动机转速下降时，转子速度也下降，定子导体内感应电流减小，转矩减小。当转速下降到一定值时，电磁转矩小于反力弹簧的反作用力矩，定子返回到原来位置，对应的触点复位。调节螺钉可以调节反力弹簧的反作用力大小，从而调节触点动作时所需转子的转速。

　　2. 速度继电器的表示方法

　　(1) 型号。

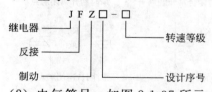

　　(2) 电气符号。如图 2-1-37 所示。

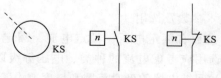

转子　常开触点　常闭触点

图 2-1-37　速度继电器图形、文字符号

(六) 熔断器

　　熔断器是低压电路和电动机控制电路中最常用的短路保护电器。熔断器可分为插入式

熔断器、螺旋式熔断器、无填料封闭管式熔断器、有填料封闭管式熔断器。

1. 熔断器的结构及工作原理

熔断器是最常用的保护电器。它主要由熔管（熔座）和熔体等部分组成。熔断器是根据电流的热效应原理来工作的。熔体一般由熔点较低的合金制成，使用时串接在被保护线路中，当线路发生过载或短路时，熔体中流过极大的短路电流，熔体产生的热量使自身熔化而切断电路，从而达到保护线路及电气设备的目的。图 2-1-38（a）、（b）所示为插入式熔断器的外形图及结构示意图。图 2-1-39（a）、（b）所示为螺旋式熔断器的外形图及结构示意图。

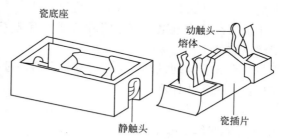

(a) 插入式熔断器外形图　　　　(b) 插入式熔断器结构示意图

图 2-1-38　插入式熔断器的外形及结构示意图

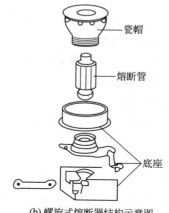

(a) 螺旋式熔断器外形图　　　　(b) 螺旋式熔断器结构示意图

图 2-1-39　螺旋式熔断器的外形及结构示意图

2. 熔断器的表示方法

（1）型号。

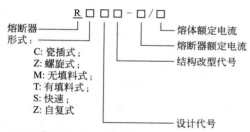

（2）电气符号。如图 2-1-40 所示。

图 2-1-40　熔断器
图形、文字符号

3. 熔断器的主要技术参数

（1）额定电压：是指保证熔断器能长期正常工作的电压。

（2）额定电流：是指保证熔断器能长期正常工作的电流。

（3）极限分段电流：是指熔断器在额定电压下所能断开的最大短路电流。

4. 熔断器的选用

熔断器的选用主要是选择熔断器类型、额定电压、额定电流及熔体额定电流。熔断器的类型主要根据应用场合选择适当的结构形式；熔断器的额定电压应大于或等于实际电路的工作电压；熔断器额定电流应大于或等于所装熔体的额定电流。确定熔体额定电流是选择熔断器的关键，具体来说可以参考以下几种情况。

（1）对于照明线路或电阻炉等电阻性负载没有电流的冲击，因此所选熔体的额定电流应大于或等于电路的工作电流。

（2）保护一台异步电动机时，考虑电动机在启动过程中有较大的启动冲击电流的影响，熔体的额定电流可按下式计算：

$$I_{fN} \geqslant I_s / k$$

式中　I_{fN}——熔体的额定电流；

　　　I_s——电动机的启动电流；

　　　k——经验系数，通常取 $k = 2.5$，若电动机启动频繁，则取 $k = 2$。

（3）保护多台异步电动机时，若各台电动机不同时启动，则应按下式计算：

$$I_{fN} \geqslant (1.5 \sim 2.5) I_{Nmax} + \sum I_N$$

式中　I_{fN}——熔体的额定电流；

　　I_{Nmax}——容量最大的一台电动机的额定电流；

　　$\sum I_N$——其余电动机额定电流的总和。

（七）低压隔离开关

常用的低压隔离开关包括刀开关、组合开关和自动空气开关三类，下面分别对其结构、原理等进行介绍。

1. 刀开关

（1）刀开关的结构及工作原理　刀开关是最简单的手动控制电器，主要由操作手柄、触刀、触刀座和底座组成。在继电接触器控制电路中，它主要起不频繁地手动接通和断开交直流电路或起隔离电源的作用。图 2-1-41（a）、（b）所示为 HK 系列刀开关外形图及结构示意图。

刀开关在安装时，手柄要向上，不得倒装或平装，避免由于重力自动下落，引起误动合闸。接线时，电源线应接在刀座上，负载线应接在可动触刀的下侧，这样当切断电源时，刀开关的触刀与熔断丝就不带电。

（2）刀开关的表示方法

① 型号。

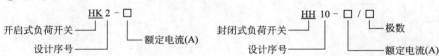

② 电气符号。如图 2-1-42 所示。

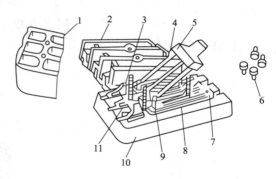

(a) HK系列刀开关外形图   (b) HK系列刀开关结构示意图

图 2-1-41 HK 系列刀开关的外形图及结构示意图

1—上胶盖；2—下胶盖；3—插座；4—触刀；5—瓷柄；6—胶盖紧固螺钉；
7—出线座；8—熔丝；9—触刀座；10—瓷底座；11—进线座

刀开关按刀数的不同分为单极、双极、三极等几种。

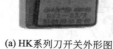

单极   双极   三极

图 2-1-42 刀开关图形、文字符号

（3）刀开关的主要技术参数

① 额定电压：是指保证刀开关能长期正常工作的电压。

② 额定电流：是指保证刀开关能长期正常工作的电流。

③ 通断能力：是指在规定条件下，能在额定电压下接通和分断的电流值。

④ 动稳定电流：是指电路发生短路故障时，刀开关并不因短路电流产生的电动力作用而发生变形、损坏或触刀自动弹出之类的现象。

⑤ 热稳定电流：是指电路发生短路故障时，刀开关在一定时间内（通常为 1s）通过某一短路电流，并不会因温度急剧升高而发生熔焊现象。

（4）刀开关的选用 根据使用场合，选择刀开关的类型、极数及操作方式。刀开关的额定电流应大于它所控制的最大负载电流。对于较大的负载电流可采用 HD 系列杠杆式刀开关。

2. 组合开关

（1）组合开关的结构及工作原理 组合开关又称转换开关，组合开关由多节触点组合而成，是一种手动控制电器。组合开关常用来作为电源的引入开关，也用来控制小型的笼式异步电动机启动、停止及正反转。

图 2-1-43（a）、（b）所示为组合开关的外形图及结构示意图。它的内部有三对静触点，分别用三层绝缘板相隔，各自附有连接线路的接线柱。三个动触点（刀片）相互绝缘，与各自的静触点相对应，套在共同的绝缘杆上。绝缘杆的一端装有操作手柄，转动手柄，变换三组触点的通断位置。组合开关内装有速断弹簧，以提高触点的分断速度。

组合开关的种类很多，常用的是 HZ10 系列，额定电压为交流 380V，直流 220V，额定电流有 10A、25A、60A 及 100A 等。不同规格型号的组合开关，各对触片的通断时间不一定相同，可以是同时通断，也可以是交替通断，应根据具体情况选用。

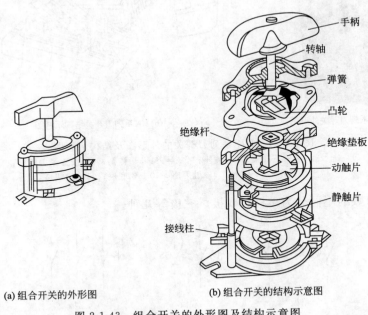

(a) 组合开关的外形图   (b) 组合开关的结构示意图

图 2-1-43　组合开关的外形图及结构示意图

（2）组合开关的表示方法

① 型号。

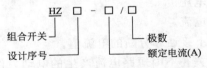

组合开关 —— HZ □ - □/□

设计序号

极数

额定电流(A)

② 电气符号。如图 2-1-44 所示。

图 2-1-44　组合开关的
图形、文字符号

单极　　三极

3. 自动空气开关

（1）自动空气开关的结构及工作原理　自动空气开关又称低压断路器，在电气线路中起接通、断开和承载额定工作电流的作用，并能在线路和电动机发生过载、短路、欠电压的情况下进行可靠的保护。自动开关主要由触点系统、机械传动机构和保护装置组成。图 2-1-45 (a)、(b) 所示为自动空气开关的外形图及结构示意图。

主触点靠操作机构（手动或电动）来闭合。开关的自由脱扣机构是一套连杆装置，有过流脱扣器和欠压脱扣器等，它们都是电磁铁。当主触点闭合后就被锁钩锁住。过流脱扣器在正常运行时其衔铁是释放的，一旦发生严重过载或短路故障，与主电路串联的线圈流过大电流而产生较强的电磁吸力把衔铁往下吸而顶开锁钩，使主触点断开，起到过流保护的作用。欠压脱扣器的工作情况则相反，当电源电压正常时，对应电磁铁产生电磁吸力将衔铁吸住，当电压低于一定值时，电磁吸力减小，衔铁释放而使主触点断开，起到失压保护的作用。当电源电压恢复正常时，必须重新合闸才能工作。

(a) 自动空气开关的外形图

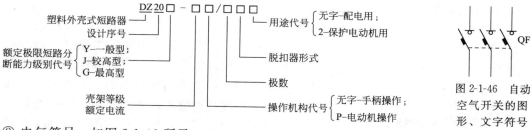

(b) 自动空气开关的结构示意图

图 2-1-45　自动空气开关的外形图及结构示意图

1—主触点；2—自由脱扣结构；3—过电流脱扣器；4—分磁脱扣器；
5—热脱扣器；6—欠电压脱扣器；7—按钮

（2）自动空气开关的表示方法

① 型号。

图 2-1-46　自动空气开关的图形、文字符号

② 电气符号。如图 2-1-46 所示。

（3）自动空气开关的选用　选用自动空气开关时，首先应根据线路的工作电压和工作电流来选定自动空气开关的额定电压和额定电流。自动空气开关的额定电压和额定电流应大于或等于线路、设备的正常工作电压和工作电流。其次应根据被保护线路所要求的保护方式来选择脱扣器种类。同时还需考虑脱扣器的额定电压和电流等。选用时，欠电压脱扣器的额定电压应等于线路的额定电压，过电流脱扣器的额定电流应大于或等于线路的最大负载电流。

（八）主令电器

主令电器主要用来发出指令，使接触器和继电器动作，从而接通或断开控制电路。主令电器按其作用可分为按钮、行程开关和接近开关。

1. 按钮

（1）按钮的结构及工作原理　按钮是一种手动且可以自动复位的主令电器，主要由按钮帽、复位弹簧、常闭触点、常开触点和外壳等组成。图 2-1-47（a）、（b）为按钮的外形图及结构示意图。当按下按钮帽时，常闭触点先断开，常开触点后闭合；当松开按钮帽时，触点在复位弹簧作用下恢复到原来位置，常开触点先断开，常闭触点后闭合。按用途和结构的不同，按钮可分为启动按钮、停止按钮和组合按钮等。

(a) 按钮的外形图

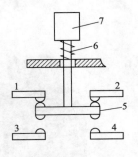

(b) 按钮的结构示意图

图 2-1-47　按钮的外形图及结构示意图

1，2—常闭触点；3，4—常开触点；5—桥式触点；6—复位弹簧；7—按钮帽

（2）按钮的表示方法

① 型号。

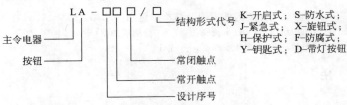

② 电气符号。如图 2-1-48 所示。

图 2-1-48　按钮图形、文字符号

2. 行程开关

（1）行程开关的结构及工作原理　行程开关也称位置开关或限位开关，它是根据生产机械运行部件的位置进行动作的主令电器。在继电接触控制系统中，行程开关被广泛用来实现自动往复运动控制和终端保护控制等。行程开关的结构和工作原理与按钮相同，不同的是行程开关不是靠手的按压，而是利用生产机械运动部件的撞块碰压而使触点动作。图 2-1-49（a）、（b）所示为行程开关的外形图及结构示意图。行程开关的种类很多，可分为直动式（如 LX1、JLXK1 系列）、滚轮式（如 LX2、JLXK2 系列）和微动式（如 LXW.11、JLXK1.11 系列）三种。

行程开关常装设在基座的某个预定位置，其触点接到有关的控制电路中。当被控对象运动部件上安装的撞块碰压到行程开关的推杆（或滚轮）时，推杆（或滚轮）被压下，行程开关的常闭触点先断开，常开触点后闭合，从而断开和接通有关控制电路，以达到控制生产机械的目的。当撞块离开后，行程开关在复位弹簧的作用下恢复到原来的状态。

（2）行程开关的表示方法

① 型号。

② 电气符号。如图 2-1-50 所示。

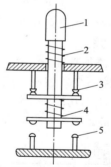

(a) 行程开关的外形图　　　　　　　　(b) 行程开关的结构示意图

图 2-1-49　行程开关的外形图及结构示意图

1—顶杆；2—弹簧；3—常闭触点；4—触点弹簧；5—常开触点

SQ 常开触点　　　　SQ 常闭触点　　　　SQ 复合触点

图 2-1-50　行程开关电气符号

八、变频调速控制电路任务

　　常用低压电器控制变频调速控制电路常用设计方法有两种，一是功能添加法，二是步进逻辑公式法。较简单的控制线路一般采用功能添加法，如本变频调速控制电路图 2-1-51～图 2-1-56 的线路，都可以用功能添加法设计。多个工作过程自动循环的复杂线路，常采用步进逻辑公式法，关于步进逻辑公式法的相关知识将在后面任务中介绍，本任务只学习功能添加法。

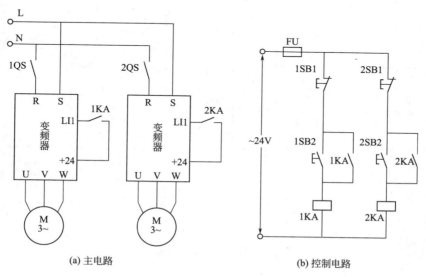

(a) 主电路　　　　　　　　　　　(b) 控制电路

图 2-1-51　基本电路

有两台电动机，正转运行，要求第一台电动机必须先开后停，正常停车。如果任何一台电动机过载，两台电动机就同时快速停车。使用功能添加法设计控制电路。

（1）设计两个能独立开停的控制线路，即基本电路，如图 2-1-51 所示。

（2）添加功能。

① 第一次添加功能——第一台电动机必须先开。将 1KA 的常开触点串接在 2KA 的线圈回路，主电路不变，控制电路如图 2-1-52 所示。

② 第二次添加功能——第一台电动机不能先停。将 2KA 的常开触点与停车按钮 1SB1 并联，控制电路如图 2-1-53 所示。

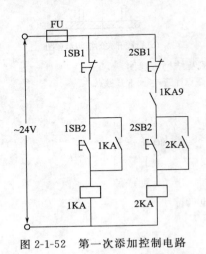

图 2-1-52　第一次添加控制电路　　　　　图 2-1-53　第二次添加控制电路

③ 第三次添加功能——加过载同时停车。过载保护可以由参数设置电动机热态阈值，然后用变频器的内部继电器 R1（或 R2）停车，分配变频器的过载停车端子，功能添加后主电路如图 2-1-54（a）所示，控制电路如图 2-1-54（b）所示。

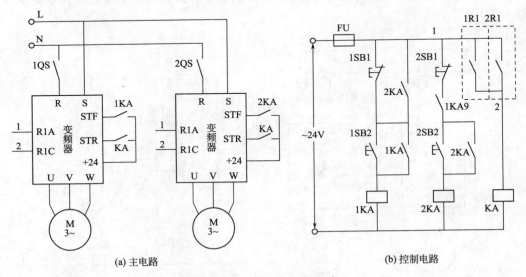

(a) 主电路　　　　　　　　　　　　　　　(b) 控制电路

图 2-1-54　第三次添加电路

④ 第四次添加功能——过载停车后，1KA、2KA 线圈自动失电。

添加上述功能后，虽然过载后两台电动机能快速停车，但停车后 1KA、2KA 线圈仍处于吸合状态，无法重新启动，除非先按下按钮 2SB1 和 1SB1，使 1KA、2KA 线圈失电，很不方便。可以用 KA 的触点使 1KA、2KA 线圈自动失电，主电路不变，控制电路如图 2-1-55 所示。

⑤ 第五次添加功能——加运行指示灯。主电路不变，控制电路如图 2-1-56 所示。

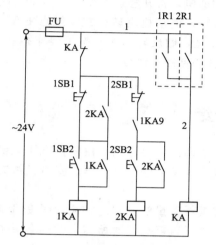

图 2-1-55　第四次添加控制电路

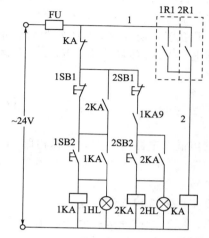

图 2-1-56　第五次添加控制电路

根据需要，还可以添加过载显示或过载报警电路，读者自行完成，不再赘述。

用低压电器控制的正反转原理图如图 2-1-57 所示。变频器的输入一般为三相输入，控制电路为 AC 220V 或 AC 380V，需使用三极开关接在变频器的 R、S、T 输入端，控制电路改为 AC 220V 或 AC 380V 即可。

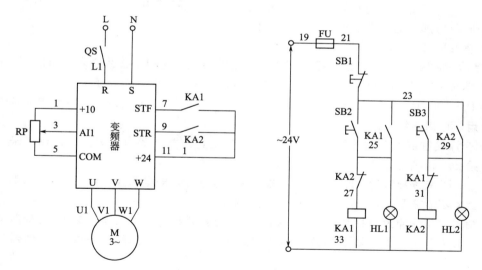

图 2-1-57　变频器的正反转控制线路

线路没有使用热继电器，这是因为变频器本身有过载保护功能，可以使用 R1、R2 的常开触点停车，但线路应增加一个中间继电器，读者自行考虑控制线路的画法。以后的线路均与此相仿，不再赘述。

合上开关 QS，完成变频器相关参数的设置。控制线路的工作过程如下。

按下正转启动按钮 SB2，中间继电器 KA1 线圈通电，常开触点 KA1（23，25）闭合自锁；常开触点 KA1（7，11）闭合，变频器正转运行，电动机正转；常闭触点 KA1（29，31）断开互锁，防止 KA2 意外吸合；信号灯 HL1 亮，做正转指示。按下停车按钮 SB1，中间继电器 KA1 线圈失电，KA1 的各触点复位，变频器停止运行。

按下反转启动按钮 SB3，中间继电器 KA2 线圈通电，常开触点 KA2（23，29）闭合自锁；常开触点 KA1（9，11）闭合，变频器反转运行，电动机反转；常闭触点 KA2（25，27）断开互锁，防止 KA1 意外吸合；信号灯 HL2 亮，做反转指示。按下停车按钮 SB1，中间继电器 KA2 线圈失电，KA2 的各触点复位，变频器停止运行。

任 务 小 结

常用低压电器控制变频调速电路的设计、安装及调试主要介绍了由常用低压电器控制变频调速电路的设计方法和变频器的基本知识，包括变频器的工作原理、安装接线方法和常用参数及参数设置方法。

变频器的选用原则依据：连续运转时所需的变频器容量的计算、加减速时变频器容量的选择、频繁加减速运转时变频器容量的选定、电动机直接启动时所需变频器容量的计算和变频器控制电动机的台数。

变频器的安装和拆卸步骤：

① 用导轨的上闩销把变频器固定到导轨的安装位置上。

② 向导轨上按压变频器，直到导轨的下闩销嵌入到位。

从导轨上拆卸变频器的步骤：

① 为了松开变频器的释放机构，将螺丝刀插入释放机构中。

② 向下施加压力，导轨的下闩销就会松开。

③ 将变频器从导轨上取下。

变频器的接线包括主电路的接线和控制电路的接线，主电路接线必须注意以下几条：

① 端子 P1、P/＋之间用以连接直流电抗器，不需连接时，两端子间短路。

② P/＋与 PR 之间用以连接制动电阻器，P/＋与 N/－之间用以连接制动单元选件。设备未使用，可用虚线画出。

③ 交流接触器 MC 用作变频器安全保护的目的，注意不要通过此交流接触器来启动或停止变频器，否则可能降低变频器寿命。

④ 进行主电路接线时，应确保输入、输出端不能接错，即电源线必须连接至 R/L1、S/L2、T/L3，绝对不能接 U、V、W，否则会损坏变频器。

变频器的工作原理包括交-直-交变频器和交-交变频器的工作原理，交-直-交变频器的主电路可以分为整流电路、滤波电路、逆变电路三部分，逆变电路是交-直-交变频器的核心部分。

变频器常用参数功能及参数设置重点介绍了变频器输出频率的限制（Pr. 1、Pr. 2、Pr. 18）参数、加减速时间（Pr. 7、Pr. 8、Pr. 20、Pr. 21）参数、直流制动（Pr. 10～Pr. 12）参数、多段速运行模式的操作方法、模拟量输入（端子 2、4）设定频率方法和参数清除方法，通过训练，使学生掌握变频器的使用。

习　　题

1. 交-直-交变频器的主电路由哪几部分组成？各部分功能是什么？

2. 变频器安装和拆卸的步骤是什么？有哪些注意事项？

3. 变频器的选用原则有哪些？

4. 变频器主电路接线的注意事项有哪些？

5. 变频器的面板结构由几部分组成，各部分的功能是什么？

6. 变频器的控制电路如何接线？

7. 变频器常用参数的功能是什么？

分任务二　PLC控制变频调速电路的设计、安装及调试

▶ 任务目标

1. 能设计电气控制原理图；

2. 能正确安装变频器并与设备和 PLC 连接；

3. 能编制 PLC 程序，并根据原理图装接实际电路并进行调试；

4. 能熟悉变频器常用参数的功能，掌握参数设置方法；

5. 能根据 PLC 输入、输出和变频器显示判断故障类型，并排除故障；

6. 能够独立分析问题、解决问题，并具有一定再学习的能力。

▶ 任务描述

根据 PLC 控制变频器调速的控制原理图，绘制元件布置图及安装接线图，并按照绘制的电气系统图装接实际电路，进行电路的调试和测试。

一、PLC 的识别与选用

三菱 FX 系列 PLC 分为 FX2、FX0、FX2N、FX0N、FX2C 等。FX0 是在 FX2 之后推出的超小型 PLC，后又推出 FX0N 超小型的标准 PLC，继承了超小型 FX0 的特点和 FX2 的硬件和软件概念。FX2C 系列 PLC 配置灵活，结构紧凑，其基本单元连接采用接插口的输入输出方式，维护性能良好。

FX2N 系列的 PLC 在小型化、高速度、高性能等各方面都优于 FX 系列中其他 PLC。本节主要从 FX 系列 PLC 型号名称的含义、基本构成及一般技术指标作简单介绍。

1. FX 系列 PLC 型号名称的含义

如图 2-1-58 所示为 FX 系列 PLC 型号命名的基本格式。

(1) 系列序号：0S，0N，1N，1S，2N，2NC 等。

(2) I/O 总点数：输入、输出总点数。

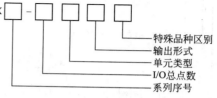

图 2-1-58　FX 系列 PLC 型号命名格式

(3) 单元类型：M——基本单元；

　　　　　　E——输入/输出混合扩展单元及扩展模块；

　　　　　　EX——无输出的输入专用扩展模块；

　　　　　　EY——无输入的输出专用扩展模块；

　　　　EYR——继电器输出专用扩展模块；

EYT——晶体管输出专用扩展模块。

（4）输出形式：R——继电器输出；

　　　　　　　　T——晶体管输出；

　　　　　　　　S——晶闸管输出。

（5）特殊品种区别：D——DC 24V 电源，24V 直流输入；

　　　　　　　　无标记——AC 电源，24V 直流输入，横式端子排；

　　　　　　　　H——大电流输出扩展模块（1A/点）；

　　　　　　　　V——立式端子排的扩展模块；

　　　　　　　　C——接插口输入/输出方式；

　　　　　　　　F——输入滤波器为 1ms 的扩展模块；

　　　　　　　　L——TTL 输入型扩展模块；

　　　　　　　　S——独立端子扩展模块，无公共端。

2. FX 系列 PLC 的基本构成

FX 系列 PLC 由基本单元、扩展单元、扩展模块及特殊功能模块构成。如图 2-1-59 所示为 FX2N 系列 PLC 的外形图，图 2-1-60 为三菱 FX2N 系列小型 PLC 产品示意图。

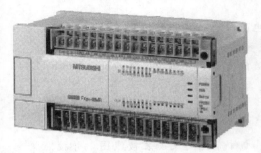

图 2-1-59　FX2N 系列 PLC 的产品外形图

（1）基本单元。基本单元也称为主机，包括 CPU、存储器、输入/输出口及电源，是 PLC 的核心部分。既能独立使用，又可与扩展单元、扩展模块组合使用。

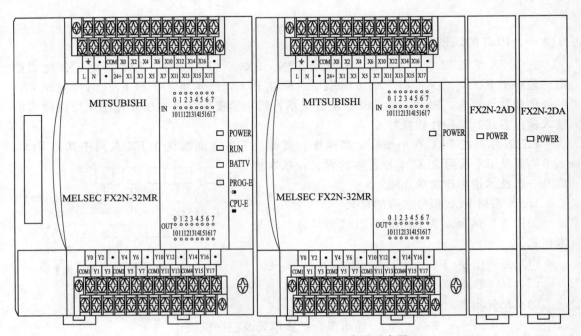

图 2-1-60　三菱 FX2N 小型 PLC 产品示意图

FX2N 系列 PLC 的基本单元有 16 种，如表 2-1-5 所示。每个基本单元最多可扩展 1 个功能扩展板、8 个特殊单元和特殊模块。基本单元或扩展单元可对连接的特殊模块提供 DC5V 电源，特殊单元因有内置电源，则不用供电。FX2N 系列 PLC 的基本单元可扩展连接的最大输入/输出点数为 256 点以内（输入点数为 184 点以内，输出点数为 184 点以内）。

表 2-1-5　FX2N 系列基本单元种类

AC 电源，24V 直流输入			DC 电源，24V 直流输入		输入点	输出点
继电器输出	晶体管输出	晶闸管输出	继电器输出	晶体管输出		
FX2N-16MR-001	FX2N-16MT-001	FX2N-16MS-001			8	8
FX2N-32MR-001	FX2N-32MT-001	FX2N-32MS-001	FX2N-32MR-D	FX2N-32MT-D	16	16
FX2N-48MR-001	FX2N-48MT-001	FX2N-48MS-001	FX2N-48MR-D	FX2N-48MT-D	24	24
FX2N-64MR-001	FX2N-64MT-001	FX2N-64MS-001	FX2N-64MR-D	FX2N-64MT-D	32	32
FX2N-80MR-001	FX2N-80MT-001	FX2N-80MS-001	FX2N-80MR-D	FX2N-80MT-D	40	40
FX2N-128MR-001	FX2N-128MT-001				64	64

（2）扩展单元和扩展模块。扩展单元是用于增加 I/O 点数的装置，内部设置有电源。扩展模块用于增加 I/O 点数及改变 I/O 比例，内部无电源，由基本单元或扩展单元供电。扩展单元及扩展模块内部均无 CPU，因此必须与基本单元一起使用。如表 2-1-6、表 2-1-7 所示为 FX2N 系列 PLC 的扩展单元和扩展模块。

FX2N 系列 PLC 的基本单元可直接连接 FX2N 系列的扩展单元和扩展模块，也可直接连接 FX0N 系列的多种扩展模块，但不能直接连接 FX0N 系列用的扩展单元，必须注意把 FX0N 系列连接在 FX2N 系列扩展单元和扩展模块之后。

表 2-1-6　FX2N 系列扩展单元型号种类

AC 电源，24V 直流输入			DC 电源，24V 直流输入		输入点数	输出点数
继电器输出	晶体管输出	晶闸管输出	继电器输出	晶体管输出		
FX2N-32ER	FX2N-32ET	FX2N-32ES	……	……	16	16
FX2N-48ER	FX2N-48ET	……	FX2N-48ER-D	FX2N-48ET-D	24	24

表 2-1-7　FX0N、FX2N 系列扩展模块种类

输入模块	继电器输出	晶体管输出	晶闸管输出	输入点数	输出点数
FX0N-8ER				4	4
FX0N-8EX				8	
FX0N-16EX				16	
FX2N-16EX				16	
FX2N-16EX-C				16	
FX2N-16EXL-C				16	
	FX0N-8EYR	FX0N-8EYT			8
		FX0N-8EYT-H			8
	FX0N-16EYR	FX0N-16EYT			16
	FX2N-16EYR	FX2N-16EYT	FX2N-16EYS		16
		FX2N-16EYT-C			16

（3）特殊功能模块。特殊功能模块是一些专用的装置，如扩展适配器、脉冲输出单元、模拟量输入/输出模块、运动控制模块、通信模块等。

FX2N 系列 PLC 备有各种特殊功能的模块，如表 2-1-8 所示的特殊功能模块都要用 5V 直流电源来驱动。

表 2-1-8　FX2N 系列使用的特殊功能模块种类

分　类	型　号	名　称	占有点数	耗电量（DC 5V/mA）
模拟量控制模块	FX2N-4AD	4CH 模拟量输入	8	30
	FX2N-4DA	4CH 模拟量输出	8	30
	FX2N-4AD-PT	4CH 温度传感器输入	8	30
	FX2N-4AD-TC	4CH 热电偶温度传感器输入	8	
位置控制模块	FX2N-1HC	50kHz　2 相高速计数器	8	90
	FX2N-1PG	100kHz 高速脉冲输出	8	55
计算机通信模块	FX2N-232-IF	RS232 通信接口	8	40
	FX2N-232-BD	RS232 通信接板	—	20
	FX2N-422-BD	RS422 通信接板	—	60
	FX2N-485-BD	RS485 通信接板	—	60
特殊功能板	FX2N-CNV-BD	与 FX0N 用适配器接板	—	—
	FX2N-8AV-BD	容量适配器接板	—	20
	FX2N-CNV-IF	与 FX0N 用接口板	8	15

3. FX 系列 PLC 的一般技术指标

FX 系列 PLC 的技术指标包括基本性能指标、输入技术指标及输出技术指标。具体规定如表 2-1-9、表 2-1-10 及表 2-1-11 所示。

表 2-1-9　FX 系列 PLC 的基本性能指标

项　目		FX1S	FX1N	FX2N 和 FX2NC
运算控制方式		存储程序，反复运算		
I/O 控制方式		批处理方式（在执行 END 指令时），可使用 I/O 刷新指令		
运算处理速度	基本指令	0.55～0.7 微秒/指令		0.08 微秒/指令
	应用指令	3.7～数百微秒/指令		1.52～数百微秒/指令
程序语言		梯形图和指令表		
程序容量（EEPROM）		内置 2KB 步	内置 8KB 步	内置 8KB 步，用存储盒可达 16KB
指令数量	基本、步进	基本指令 27 条，步进指令 2 条		
	应用指令	85 条	89 条	128 条
I/O 设置		最多 30 点	最多 128 点	最多 256 点

表 2-1-10　FX 系列 PLC 的输入技术指标

项　目	X0～X7	其他输入点
输入信号电压	DC 24V＋10％	
输入信号电流	DC 24V，7mA	DC 24V，5mA
输入开关电流 OFF→ON	＞4.5mA	＞3.5mA
输入开关电流 ON→OFF	＜1.5mA	

续表

项　目	X0～X7	其他输入点
输入响应时间	10ms	
可调节输入响应时间	X0～X17 为 0～60mA（FX2N），其他系列 0～15mA	
输入信号形式	无电压触点，或 NPN 集电极开路输出晶体管	
输入状态显示	输入 ON 时 LED 灯亮	

表 2-1-11　FX 系列 PLC 的输出技术指标

项　目		继电器输出	晶闸管输出	晶体管输出
外部电源		最大 AC 240V 或 DC 30V	AC 85～242V	DC 5～30V
最大负载	电阻负载	2A/1 点/8A/COM	0.3A/1 点/0.8A/COM	0.5A/1 点/0.8A/COM
	感性负载	80V·A，120/240V AC	36V·A/AC 240V	12W/24V DC
	灯负载	100W	30W	0.9W/DC 24V（FX1S），其他系列 1.5W/DC 24V
最小负载		电压＜5V DC 时 2mA 电压＜24V DC 时 5mA（FX2N）	2.3V·A/240V AC	…
响应时间	OFF→ON	10ms	1ms	＜0.2ms；＜0.5μs（仅 Y0，Y1）
	ON→OFF	10ms	10ms	＜0.2ms；＜0.5μs（仅 Y0，Y1）
开路漏电流		…	2.4mA/240V AC	0.1mA/30V DC
电路隔离		继电器隔离	光电晶闸管隔离	光耦合器隔离
输出动作显示		线圈通电时 LED 亮		

4. 可编程控制器用于模拟量的控制

（1）模拟量输入模块　FX2N 常用的模拟量输入模块有 FX2N-2AD、FX2N-4AD、FX2N-8AD 模拟量输入模块和温度传感器输入模块。FX-2AD 为 2 通道 12 位 A/D 转换模块。根据外部连接方法及 PLC 指令，可选择电压输入或电流输入，是一种具有高精确度的输入模块。通过简易的调整或根据可编程控制器的指令可改变模拟量输入的范围。瞬时值和设定值等数据的读出和写入用 FROM/TO 指令进行。如表 2-1-12 所示。

表 2-1-12　FX-2AD 的输入技术指标

项　目	输入电压	输入电流
模拟量输入范围	0～10V 直流，0～5V 直流（输入电阻 200Ω），最大量程：－0～5V 和＋15V 直流	4～20mA（输入电阻 250Ω），最大量程：－2mA 和＋60mA
数字输出	12 位	
分辨率	2.5 mA（10V/4000），1.25 mA（10V/4000）	4μA（20～4/4000）
总体精度	±1%（满量程 0～10V）	±1%（满量程 4～20mA）
转换速度	2.5ms/通道（顺控程序和同步）	
隔离	在模拟和数字电路之间光电隔离；直流/直流变压器隔离主单元电源；在模拟通道之间没有隔离	
电源规格	5V，20mA 直流（主单元提供内部电源）24V±10%，50mA 直流（主单元提供内部电源）	

续表

项 目	输 入 电 压	输 入 电 流
占用的 I/O 点数	这个模块占用 8 个输入或输出点	
适用控制器	FX1N FX2N FX2NC	
尺寸 宽×厚×高	43mm×87mm×90mm	

（2）模拟量输出模块 FX2N 常用的模拟量输出模块有 FX2N-2DA、FX2N-4DA、FX2N-8DA 模拟量输出模块。FX-2DA 为 2 通道 12 位 D/A 转换模块，是一种具有高精确度的输出模块。通过简易的调整或根据可编程控制器的指令可改变模拟量输出的范围。瞬时值和设定值等数据的读出和写入用 FROM/TO 指令进行。如表 2-1-13 所示。

表 2-1-13 FX-2DA 的输出技术指标

项 目	输 出 电 压	输 出 电 源
模拟量输出范围	0～10V 直流，0～5V 直流（外部负载电阻 2kΩ～1MΩ）	4～20mA（外部负载电阻不超过 500Ω）
数字输出	12 位	
分辨率	2.5 mA（10V/4000），1.25 mA（10V/4000）	4μA（20～4/4000）
总体精度	±1%（满量程 0～10V）	±1%（满量程 4～20mA）
转换速度	4ms/通道（顺控程序和同步）	
隔离	在模拟和数字电路之间光电隔离；直流/直流变压器隔离主单元电源；在模拟通道之间没有隔离	
电源规格	5V，30mA 直流（主单元提供内部电源）24V±10%，85mA 直流（主单元提供内部电源）	
占用的 I/O 点数	这个模块占用 8 个输入或输出点	
适用控制器	FX1N FX2N FX2NC	
尺寸 宽×厚×高	43mm×87mm×90mm	

（3）模拟量模块使用

① 确定模块的编号。在 FX 系列可编程控制器基本单元的右侧，可以连接最多 8 块特殊功能模块，它们的编号从最靠近基本单元的那一个开始顺次编为 0～7 号。如表 2-1-14 所示，该配置使用 FX2N48 点基本单元，连接 FX-4AD、FX-4DA、FX-2AD 3 块模拟量模块，它们的编号分别为 0、1、2 号。这 3 块模块不影响右边 2 块扩展的编号，但会影响到总的输入/输出点数。3 块模拟量模块共占用 24 点，那么基本单元和扩展的总输入/输出点数只能有 232 点。

表 2-1-14 FX 系列模块编号

		0 号		1 号		2 号
FX2N-48MR X0～X27 Y0～Y27	FX-4AD	FX-8EX X30～X37	FX-4DA	FX-16ER X40～X47 Y30～X37	FX-2AD	

② 缓冲寄存器（BFM）分配。FX 系列可编程控制器基本单元与 FX-4AD、FX-2DA 等模拟量模块之间的数据通信是由 FROM 指令和 TO 指令来执行的，FROM 是基本单元从 FX-4AD、FX-2DA 读数据的指令，TO 是从基本单元将数据写到 FX-4AD、FX-2DA 的指令。实际上读、写操作都是对 FX-4AD、FX-2DA 的缓冲寄存器 BFM 进行的。这一缓冲寄存器区由 32 个 16 位的寄存器组成，编号为 BFM♯0～♯31，如表 2-1-15 所示。

表 2-1-15　FX-4AD 模块 BFM 的分配表

BFM	内　容							
*#0	通道初始化缺省设定值为 H0000							
*#1	通道 1	采样次数设置，其设置范围为 1～4096，缺省值为 8						
*#2	通道 2							
*#3	通道 3							
*#4	通道 4							
#5	通道 1	平均值						
#6	通道 2							
#7	通道 3							
#8	通道 4							
#9	通道 1	当前值存放单元，每个输入通道读入的当前值						
#10	通道 2							
#11	通道 3							
#12	通道 4							
#13～#19	保留							
*#20	复位到缺省设定值缺省值为 0							
*#21	禁止调整偏移、增益值，缺省值为 0（1 为允许调整）							
*#22	偏移、增益调整	b7	b6	b5	b4	b3	b2	b1　b0
		G4	O4	G3	O3	G2	O2	G1　O1
*#23	偏移量缺省值为 0							
#24	增益值缺省值为 5000							
#25～#28	保留							
#29	错误状态							
#30	识别码 K2010							

③ 编程举例。FX-4AD 模拟量输入模块连接在最靠近基本单元 FX2N-48MR 的地方，那么它的编号为 N0，如果仅开通 CH1 和 CH2 两个通道作为电压量输入通道，计算平均值的取样次数定为 4 次，可编程控制器中的 D0 和 D1 分别接收这两个通道输入量平均值数字量，并编梯形图程序如图 2-1-61 所示。

④ 模拟量控制的应用。中央空调制冷系统使用两台压缩机组，系统要求温度在低于 12℃时不启动机组，在温度高于 12℃时两台机组顺序启动，温度降低到 12℃时停止其中一台机组。要求先启动的一台停止，温度降到 7.5℃时两台机组都停止，温度低于 5℃时，系统发出超低温报警。

在这个控制系统中，温度点的检测可以使用带开关量输出的温度传感器来完成，但是有的系统的温度检测点很多，或根据环境温度变化要经常调整温度点，要用很多开关量温度传感器，占用较多的输入点，安装布线不方便，把温度信号用温度传感器转换成连续变化的模拟量，那么这个制冷机组的控制系统就是一个模拟量控制系统。对于一个模拟量控制系统，采用可编程控制器控制，控制性能可以得到极大的改善。在这里可以选用 FX2N-32MR 基本单元与 FX2N-4AD-PT 模拟量输入单元，就能方便地实现控制要求。

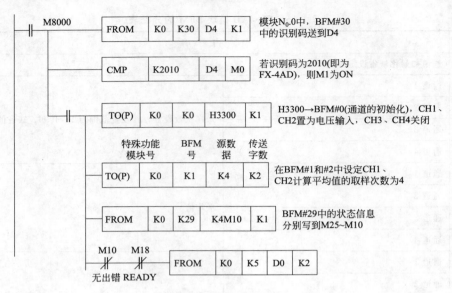

图 2-1-61　梯形图

系统的输入信号：启动按钮、停止按钮、压力保护 1、压力保护 2、过载保护 1、过载保护 2、手动/自动转换、手动启动 1、手动启动 2。

系统输出信号：机组的控制、压力、过载、超低温报警。

图 2-1-62 所示的程序完成的是温度读取模块中温度的读取。

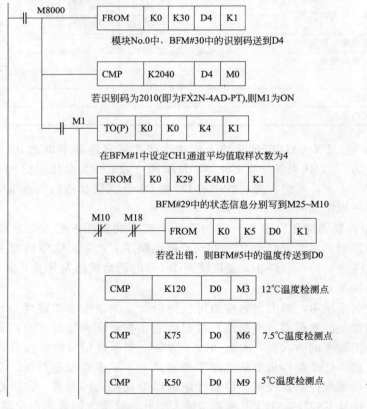

图 2-1-62　中央空调制冷系统部分梯形图

二、PLC 的安装和接线

可编程控制器（PLC）是一种新型的通用自动化控制装置，它将传统的控制器控制技术、计算机技术和通信技术融为一体，具有控制功能强、可靠性高、使用灵活方便、易于扩展等优点而应用越来越广泛。但在使用时由于工业生产现场的工作环境恶劣，干扰源众多，如大功率用电设备的启动或停止引起电网电压的波动形成低频干扰，电焊机、电火花加工机床、电动机的电刷等通过电磁耦合产生的工频干扰等，都会影响 PLC 的正常工作。尽管 PLC 是专门在现场使用的控制装置，在设计制造时已采取了很多措施，使它对工业环境比较适应，但是为了确保整个系统稳定可靠，还是应当尽量使 PLC 有良好的工作环境条件，并采取必要的抗干扰措施，PLC 在安装和维护时应注意的问题有以下几方面。

1. PLC 的安装

PLC 适用于大多数工业现场，但它对使用场合、环境温度等还是有一定要求的。控制 PLC 的工作环境，可以有效地提高它的工作效率和寿命。在安装 PLC 时，要避开下列场所：

（1）环境温度超过 0～50℃的范围；

（2）相对湿度超过 85% 或者存在露水凝聚（由温度突变或其他因素所引起的）；

（3）太阳光直接照射；

（4）有腐蚀和易燃的气体，例如氯化氢、硫化氢等；

（5）有大量铁屑及灰尘；

（6）频繁或连续的振动，振动频率为 10～55Hz，幅度为 0.5mm（峰-峰）；

（7）超过 10g（重力加速度）的冲击。

小型可编程控制器外壳的 4 个角上均有安装孔。有两种安装方法，一是用螺钉固定，不同的单元有不同的安装尺寸；另一种是 DIN 轨道固定。DIN 轨道配套使用的安装夹板，左右各一对。在轨道上，先装好左右夹板，装上 PLC，然后拧紧螺钉。为了使控制系统工作可靠，通常把可编程控制器安装在有保护外壳的控制柜中，以防止灰尘、油污、水溅。为了保证可编程控制器在工作状态下其温度保持在规定环境温度范围内，安装机器应有足够的通风空间，基本单元和扩展单元之间要有 30mm 以上间隔。如果周围环境超过 55℃，要安装电风扇，强迫通风。为了避免其他外围设备的电干扰，可编程控制器应尽可能远离电源、高压电源线和高压设备，可编程控制器与高压设备和电源线之间应留出至少 200mm 的距离。

当可编程控制器垂直安装时，要严防导线头、铁屑等从通风窗掉入可编程控制器内部，造成印刷电路板短路，使其不能正常工作甚至永久损坏。

2. 电源接线

PLC 供电电源为 50Hz、220V±10% 的交流电。FX 系列可编程控制器有直流 24V 输出接线端。该接线端可为输入传感器（如光电开关或接近开关）提供直流 24V 电源。如果电源发生故障，中断时间少于 10ms，PLC 工作不受影响。若电源中断超过 10ms 或电源下降超过允许值，则 PLC 停止工作，所有的输出点均同时断开。当电源恢复时，若 RUN 输入接通，则操作自动进行。对于电源线来的干扰，PLC 本身具有足够的抵制能力。如果电源干扰特别严重，可以安装一个变比为 1:1 的隔离变压器，以减少设备与地之间的干扰。

3. 接地

良好的接地是保证 PLC 可靠工作的重要条件，可以避免偶然发生的电压冲击危害。接地线与机器的接地端相接，基本单元接地。如果要用扩展单元，其接地点应与基本单元的接地点接在一起。为了抑制加在电源及输入端、输出端的干扰，应给可编程控制器接上专用地线，接地点应与动力设备（如电动机）的接地点分开。若达不到这种要求，也必须做到与其他设备公共接地，禁止与其他设备串联接地。

4. 直流 24V 接线端

使用无源触点的输入器件时，PLC 内部 24V 电源通过输入器件向输入端提供每点 7mA 的电流。PLC 上的 24V 接线端子，还可以向外部传感器（如接近开关或光电开关）提供电流。24V 端子作传感器电源时，COM 端子是直流 24V 地端。如果采用扩展单元，则应将基本单元和扩展单元的 24V 端连接起来。另外，任何外部电源不能接到这个端子。如果发生过载现象，电压将自动跌落，该点输入对可编程控制器不起作用。每种型号的 PLC 的输入点数量是有规定的。对每一个尚未使用的输入点，它不耗电，因此在这种情况下，24V 电源端子向外供电流的能力可以增加。FX 系列 PLC 的空位端子，在任何情况下都不能使用。

5. 输入接线

PLC 一般接受行程开关、限位开关等输入的开关量信号。输入接线端子是 PLC 与外部传感器负载转换信号的端口。输入接线，一般指外部传感器与输入端口的接线。输入器件可以是任何无源的触点或集电极开路的 NPN 管。输入器件接通时，输入端接通，输入线路闭合，同时输入指示的发光二极管亮。输入端的一次电路与二次电路之间，采用光电耦合隔离。二次电路带 RC 滤波器，以防止由于输入触点抖动或从输入线路串入的电噪声引起 PLC 误动作。若在输入触点电路串联二极管，在串联二极管上的电压应小于 4V。若使用带发光二极管的舌簧开关，串联二极管的数目不能超过两只。另外，输入接线还应特别注意以下几点：

（1）输入接线一般不要超过 30m。但如果环境干扰较小，电压降不大时，输入接线可适当长些。

（2）输入、输出线不能用同一根电缆，输入、输出线要分开。

（3）可编程控制器所能接受的脉冲信号的宽度，应大于扫描周期的时间。

6. 输出接线

（1）可编程控制器有继电器输出、晶闸管输出、晶体管输出 3 种形式。

（2）输出端接线分为独立输出和公共输出。当 PLC 的输出继电器或晶闸管动作时，同一号码的两个输出端接通。在不同组中，可采用不同类型和电压等级的输出电压。但在同一组中的输出只能用同一类型、同一电压等级的电源。

（3）由于 PLC 的输出元件被封装在印制电路板上，并且连接至端子板，若将连接输出元件的负载短路，将烧毁印制电路板，因此，应用熔丝保护输出元件。

（4）采用继电器输出时，承受的电感性负载大小影响到继电器的工作寿命，因此继电器工作寿命要求长。

（5）PLC 的输出负载可能产生噪声干扰，因此要采取措施加以控制。此外，对于能给用户造成伤害的危险负载，除了在控制程序中加以考虑之外，还应设计外部紧急停车电路，使得可编程控制器发生故障时，能将引起伤害的负载电源切断。交流输出线和直流输出线不要用同一根电缆，输出线应尽量远离高压线和动力线，避免并行。

三、PLC 控制变频器正反转电路的程序编制

用 PLC 直接控制变频器的正反转运行线路如图 2-1-63 所示，参考梯形图如图 2-1-64 所示。工作过程如下。

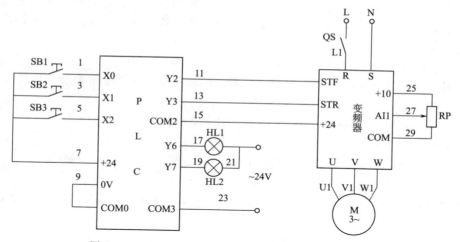

图 2-1-63　用 PLC 直接控制变频器的正反转运行线路

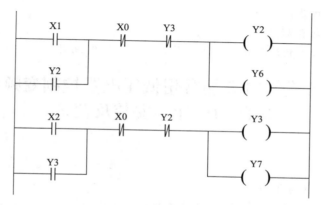

图 2-1-64　用 PLC 直接控制变频器的正反转运行线路参考梯形图

合上开关 QS，完成变频器相关参数的设置。按下按钮 SB2，变频器正转运行，电动机正转；信号灯 HL1 亮，做正转指示。按下按钮 SB1，变频器停止运行。

按下按钮 SB3，变频器反转运行，电动机反转；信号灯 HL2 亮，做反转指示。按下按钮 SB1，变频器停止运行。

任 务 小 结

本任务主要通过讲述 PLC 基本单元和扩展模块（A/D 转换）识别与选用、PLC 基本单元与扩展模块的安装和连接、PLC 扩展模块（A/D 转换）程序编制、变频调速控制电路的硬件设计、变频调速控制电路的软件设计等知识和内容，使学生学会 PLC 控制变频调速电路的设计、安装及调试方法。

PLC 系统包括基本单元、扩展单元、扩展模块、特殊功能模块和模拟量的控制模块。基本单元也称为主机，包括 CPU、存储器、输入输出口及电源，是 PLC 的核心部分。既能独立使用，又可与扩展单元、扩展模块组合使用，模拟量控制模块包括模拟量输入模块和模拟量输出模块。

PLC 的安装：PLC 适用于大多数工业现场，但它对使用场合、环境温度等还是有一定要求的。控制 PLC 的工作环境，可以有效地提高它的工作效率和寿命。在安装 PLC 时，要避开下列场所：

(1) 环境温度超过 0～50℃ 的范围；

(2) 相对湿度超过 85% 或者存在露水凝聚（由温度突变或其他因素所引起的）；

(3) 太阳光直接照射；

(4) 有腐蚀和易燃的气体，例如氯化氢、硫化氢等；

(5) 有大量铁屑及灰尘；

(6) 频繁或连续的振动，振动频率为 10～55Hz，幅度为 0.5mm（峰-峰）；

(7) 超过 10g（重力加速度）的冲击。

PLC 扩展模块（A/D 转换）程序编制重点讲述编程方法，为学生从事调试设备做理论准备。

习　题

1. PLC 系统组成是什么？

2. PLC 安装要求有哪些？

3. PLC 模拟量输入模块读出和写入用什么指令？举例说明。

分任务三　PLC 加常用低压电器控制变频调速 电路的设计、安装及调试

▷ 任务目标

1. 能设计电气控制原理图；

2. 能正确安装变频器并与设备和 PLC 连接；

3. 能编制 PLC 程序，并根据原理图装接实际电路并进行调试；

4. 能熟悉变频器常用参数的功能，掌握参数设置方法；

5. 能根据 PLC 输入、输出和变频器显示判断故障类型，并排除故障；

6. 能将 PLC、常用低压电器、变频器和电动机正确安装并连接；

7. 能够独立分析问题、解决问题，并具有一定再学习的能力。

▷ 任务描述

根据 PLC 加常用低压电器控制变频器调速的控制原理图，绘制元件布置图及安装接线图，并按照绘制电气系统图装接实际电路，进行电路的调试和测试。

一、PLC 输入输出接线

1. 外电源连接

交流和直流电源供电连接图如图 2-1-65、图 2-1-66 所示。

连接时须注意：

(1) 基本单元和扩展单元的交流电源要相互连接，接到同一交流电源上，输入公共端 S/S（COM）也要相互连接。基本单元和扩展单元的电源必须同时接通与断开。

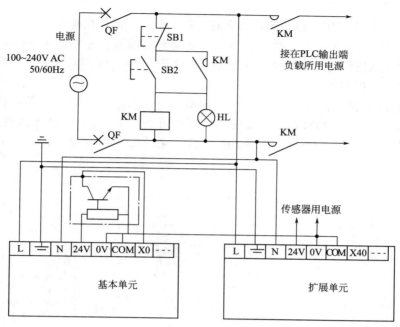

图 2-1-65　交流电源供电连接

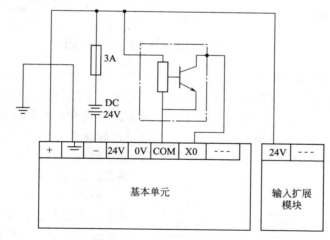

图 2-1-66　直流电源供电连接

（2）基本单元与扩展单元的＋24V输出端子不能互相连接。

（3）基本单元和扩展单元的接地端子互相连接，由基本单元接地。用截面大于 2mm² 电线在基本单元的接地端子上按第 3 种方式（接地电阻≤100Ω）接地，但不能与强电系统共接地。

（4）为防止电压降低，建议电源使用截面 2mm² 以上的电线，电线要绞合使用，并且由隔离变压器供电。有的在电源线上加入低通滤波器，把高频噪声滤除后再给可编程控制器供电。应把可编程控制器的供电线路与大的用电设备或会产生较强干扰的用电设备（如晶闸管整流器弧焊机等）的供电线路分开。

（5）直流供电的 PLC，其内部 24V 输出不能采用。

2. 输入电路连接

各类 PLC 的输入电路大致相同，通常有三种类型。一种是直流 12～24V 输入，另一种是交流 100～120V、200～240V 输入，第三种是交直流输入。外界输入器件可以是无源触点或是有源的传感器输入。这些外部器件都要通过 PLC 端子与 PLC 连接，都要形成闭合有源回路，所以必须提供电源。

(1) 无源开关的接线　FX2N 系列 PLC 只有直流输入，且在 PLC 内部，将输入端与内部 24V 电源正极相连，COM 端与负极连接，参见图 2-1-67。这样，其无源的开关类输入，不用单独提供电源。这与其他类 PLC 有很大区别，在今后使用其他 PLC 时，要注意仔细阅读其说明书。

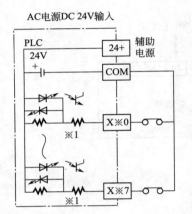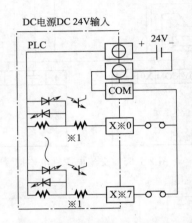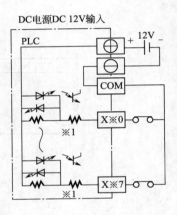

图 2-1-67　PLC 与无源开关的连接示意图

(2) 接近开关的接线　接近开关指本身需要电源驱动，输出有一定电压或电流的开关量传感器。开关量传感器根据其原理分为很多种，可用于不同场合的检测，但根据其信号线可以分成三大类：两线式、三线式、四线式。其中四线式有可能是同时提供一个动合触点和一个动断触点，实际中只用其中之一；或者是第四根线为传感器校验线，校验线不会与 PLC 输入端连接。因此，无论哪种情况都可以参照三线式接线。图 2-1-68 为 PLC 与传感器连接的示意图。

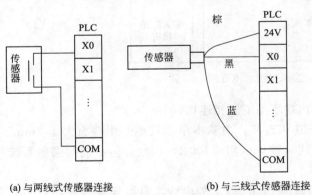

(a) 与两线式传感器连接　　(b) 与三线式传感器连接

图 2-1-68　PLC 与传感器连接示意图

两线式为一信号线与电源线。三线式分别为电源正、负极和信号线。不同作用的导线用不同颜色表示，这种颜色的定义有不同的定义方法，使用时参见相关说明书。图 2-1-68 (b) 中所示为一种常见的颜色定义。信号线为黑色时为动合式；动断式用白色导线。

图示传感器为 NPN 型，是常用的形式。对于 PNP 型传感器与 PLC 连接，不能照搬这种连接，要参考相应的资料。

(3) 旋转编码器的接线　旋转编码器可以提供高速脉冲信号，在数控机床及工业控制中经常用到。不同型号的编码器输出的频率、相数也不一样。有的编码器输出 A、B、C 三相脉冲，有的只有两相脉冲，有的只有一相脉冲（如 A 相），频率有 100Hz、200Hz、1kHz、2kHz 等。当频率比较低时，PLC 可以响应；频率高时，PLC 就不能响应，此时，编码器的输出信号要接到特殊功能模块上，如采用 FX2N-1HC 高速计数模块。图 2-1-69 为 FX2N 型 PLC 与 OMRON 的 E6A2-C 系列旋转编码器的接口示意图。

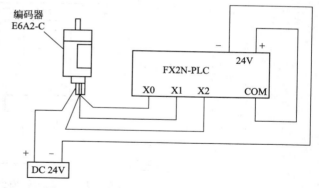

图 2-1-69 PLC 与旋转编码器的接口示意图

3. 输出电路连接

FX2N 系列 PLC 的输出有继电器输出、晶体管输出以及双向晶闸管输出三种类型。继电器输出连接图如图 2-1-70 所示，晶体管输出连接图如图 2-1-71 所示。

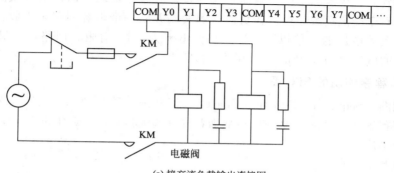

(a) 接交流负载输出连接图

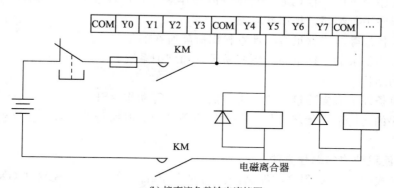

(b) 接直流负载输出连接图

图 2-1-70 继电器输出连接图

对 PLC 输出进行连线时，注意以下几点。

（1）不要对空端子接线。

（2）对继电器输出，第 4 点应使用一只 5～15A 的熔断器，对晶体管输出，第 4 点应使用一只 1～2A 的熔断器。

（3）为实现紧急停止，可使用 PLC 的外部开关切断负载。

（4）使用晶体管输出或晶闸管输出时，由于漏电流，可能产生输出设备的误动作，这时应在负载两端并联一个泄放电阻。泄放电阻的电阻值：$R < V_{\mathrm{ON}}/I$（kΩ）。式中 V_{ON} 为负

荷的 ON 电压（V），I 为输出漏电流（mA）。

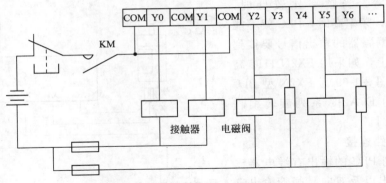

图 2-1-71 晶体管输出的连接图

（5）在输出端接感性负载（如电磁继电器、电磁阀等）时，应在负载两端并联一个阻容回路或二极管。二极管的阴极与电压正端连接。对直流负载可以在负载线圈两端并联二极管来抑制；对于交流负载，可以在负载线圈两端并联一个阻容回路来吸收。图中二极管的反向耐压为负载电压的 3 倍以下，平均整流电流为 1A。对阻容回路，电阻 R 的阻值为 50Ω，电容 C 的电容值为 $0.47\mu F$，电压为 500V。

二、PLC 程序编制的 SFC 图

顺序功能图（Sequential Function Chart，SFC）是一种新颖的、按照工艺流程图进行编程的图形编程语言。这是一种 IEC 标准推荐的首选编程语言，近年来在 PLC 编程中已经得到了普及和推广。

1. SFC 编程的优点

（1）在程序中可以很直观地看到设备的动作顺序。比较容易读懂程序，因为程序按照设备的动作顺序进行编写，规律性较强。

（2）在设备故障时能够很容易地查找出故障所在的位置。

（3）不需要复杂的互锁电路，更容易设计和维护系统。

2. SFC 的结构

步＋转换条件＋有向连接＋机器工序的各个运行动作＝SFC。

SFC 程序的运行从初始步开始，每次转换条件成立时执行下一步，在遇到 END 步时结束向下运行。

（一）单流程结构的编程方法

以例题形式阐述 SFC 程序的编制法。同时介绍在三菱 PLC 编程软件 GX Developer 中如何编制 SFC 顺序功能图。

例题 1：自动闪烁信号生成，PLC 上电后 Y0、Y1 以 1s 为周期交替闪烁。本例的梯形图和指令表如图 2-1-72 所示。

对图 2-1-72（a）所示的 SFC 程序进行一下总体认识，一个完整的 SFC 程序包括初始状态、方向线、转移条件和转移方向。在 SFC 程序中初始状态必须是有效的，所以要有启动初始状态的条件，本例中梯形图的第一行表示启动初始步，在 SFC 程序中启动初始步要用梯形图，现在开始具体的程序输入。

启动 GX Developer 编程软件，单击"工程"菜单，再单击"创建新工程"菜单项或直接单击"新建工程"按钮 ▯（如图 2-1-73 所示）。

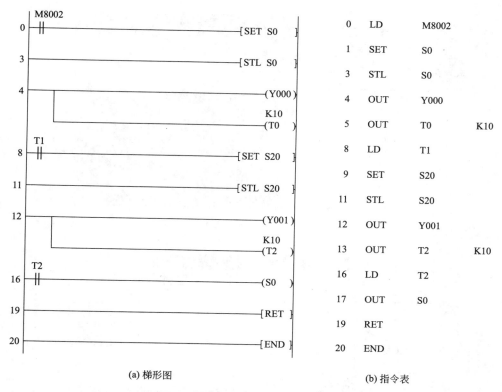

0	LD	M8002				
1	SET	S0				
3	STL	S0				
4	OUT	Y000				
5	OUT	T0	K10			
8	LD	T1				
9	SET	S20				
11	STL	S20				
12	OUT	Y001				
13	OUT	T2	K10			
16	LD	T2				
17	OUT	S0				
19	RET					
20	END					

(a) 梯形图　　　　　　　　　　　(b) 指令表

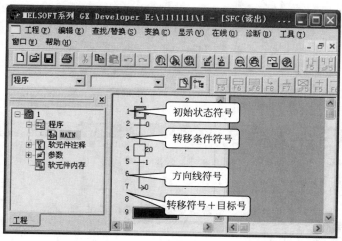

(c) SFC程序

图 2-1-72　闪烁信号

弹出"创建新工程"对话框（如图 2-1-74 所示）。比方说，选用三菱系列 PLC，那么在"PLC 系列"下拉列表框中选择"FXCPU"，"PLC"类型下拉列表框中选择"FX2N(C)"，在"程序类型"项中选择"SFC"，在工程设置项中设置好工程名和保存路径之后单击"确定"按钮。

弹出块列表窗口（如图 2-1-75 所示）。

双击第 0 块或其他块，弹出"块信息设置"对话框（如图 2-1-76 所示）。

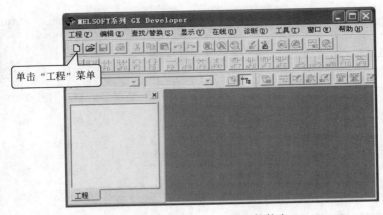

图 2-1-73 GX Developer 编程软件窗口

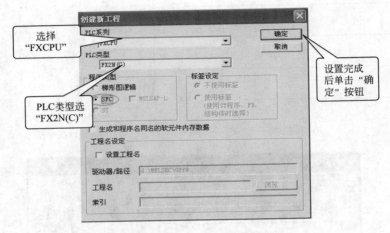

图 2-1-74 新工程创建

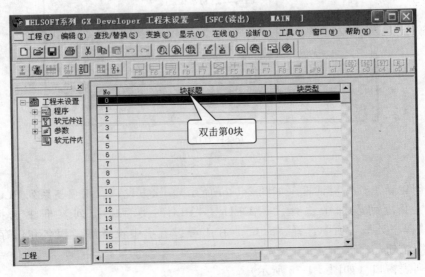

图 2-1-75 块列表窗口

在"块标题"文本框中可以填入相应的块标题（也可以不填），在"块类型"中选择"梯形图块"，选择"梯形图块"，原因是在 SFC 程序中初始状态必须是激活的，而激活的方法是利用一段梯形图程序，而且这一段梯形图程序必须是放在 SFC 程序的开头部分，在以后的 SFC 编程中，初始状态的激活都是利用一段梯形图程序，放在 SFC 程序的第一部分（也即第一块），点击"执行"按钮弹出梯形图编辑窗口，如图 2-1-77 （a） 所示，在右边梯形图编辑窗口中输入启动初始状态

图 2-1-76　"块信息设置"对话框

的梯形图，本例中，利用 PLC 的一个辅助继电器 M8002 的上电脉冲使初始状态生效。在梯形图编辑窗口中单击第 0 行输入初始化梯形图如图 2-1-77 （b） 所示，输入完成单击"变换"菜单选择"变换"项或按"F4"快捷键，完成梯形图的变换，如图 2-1-78 所示。

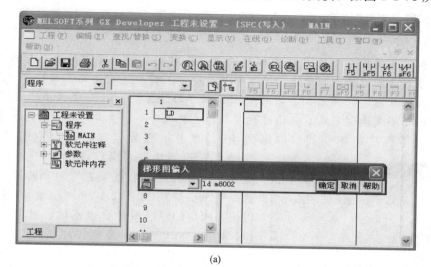

(a)

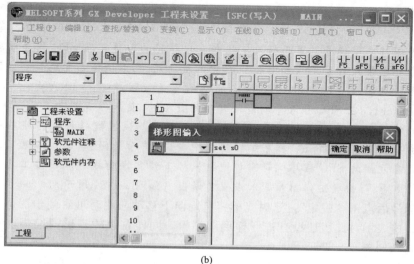

(b)

图 2-1-77　梯形图编辑窗口

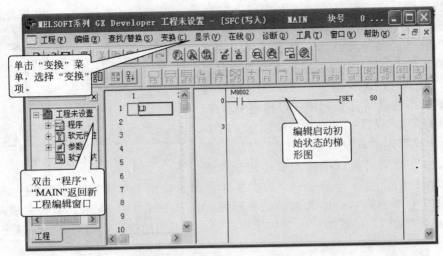

图 2-1-78 梯形图输入完毕窗口

注意： 如果想使用其他方式启动初始状态，只需要改动上图中的启动脉冲 M8002 即可，如果有多种方式启动初始化进行触点的并联即可。需要说明的是在每一个 SFC 程序中至少有一个初始状态，且初始状态必须在 SFC 程序的最前面。在 SFC 程序的编制过程中每一个状态中的梯形图编制完成后必须进行变换，才能进行下一步工作，否则弹出出错信息。

以上完成了程序的第一块（梯形图块），双击工程数据列表窗口中的"程序"\

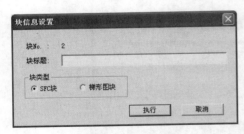

图 2-1-79 块信息设置

"MAIN"返回块列表窗口（图 2-1-75）。双击第一块，在弹出的"块信息设置"对话框中"块类型"选择"SFC 块"（如图 2-1-79 所示），在块标题中可以填入相应的标题或什么也不填，点击"执行"按钮，弹出 SFC 程序编辑窗口（如图 2-1-80 所示）。在 SFC 程序编辑窗口中光标变成空心矩形。

说明： 在 SFC 程序中每一个状态或转移条件都是以 SFC 符号的形式出现在程序中，每一种 SFC

符号都对应有图标和图标号。下面输入使状态发生转移的条件，在 SFC 程序编辑窗口将光标移到第一个转移条件符号处（如图 2-1-80 中的标注）。在右侧梯形图编辑窗口输入使状态转移的梯形图。从图中可以看出，T0 触点驱动的不是线圈，而是 TRAN 符号，意思是表示转移（Transfer），在 SFC 程序中所有的转移用 TRAN 表示，不可以用 SET＋S□语句表示。梯形图的编辑不再赘述，编辑完一个条件后按"F4"快捷键转换，转换后梯形图由原来的灰色变成亮白色，再看 SFC 程序编辑窗口中"1"前面的问号（?）不见了。下面输入下一个工步，在左侧的 SFC 程序编辑窗口中把光标下移到方向线底端，按工具栏中的工具按钮 或单击"F5"快捷键弹出步输入设置对话框（如图 2-1-81 所示）。

输入图标号后点击"确定"，这时光标将自动向下移动，此时可看到步图标号前面有一个问号（?），这表示对此步还没有进行梯形图编辑，同样右边的梯形图编辑窗口是灰色的不可编辑状态（如图 2-1-82 所示）。

下面对工步进行梯形图编程，将光标移到步符号处（在步符号处单击），此时再看右边的窗口变成可编辑状态，在右侧的梯形图编辑窗口中输入梯形图，此处的梯形图是指程序运行到此工步时要驱动哪些输出线圈，本例中要求工步 20 驱动输出线圈 Y0 以及 T0 线圈。

用相同的方法把控制系统的一个周期编辑完后，最后要求系统能周期性地工作，所以在 SFC 程序中要有返回原点的符号。在 SFC 程序中用 （JUMP）加目标号进行返回操作。输入方法是把光标移动到方向线的最下端按 "F8" 快捷键或者点击 按钮，在弹出的对话框中填入跳转的目的步号单击 "确定" 按钮（如图 2-1-83 所示）。

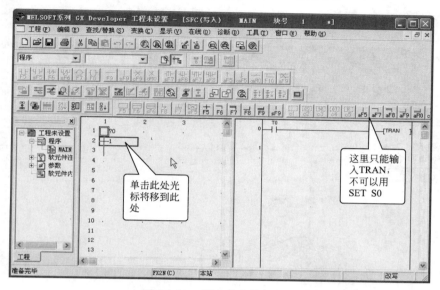

图 2-1-80　SFC 程序编辑窗口

图 2-1-81　SFC 符号输入

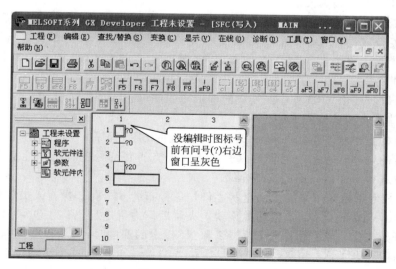

图 2-1-82　没编辑的步

如果在程序中有选择分支也要用 JUMP "＋" 标号来表示，此用法在后续的课程中有介绍，在此只是编写了单序列的 SFC 功能图（如图 2-1-84 所示）。

图 2-1-83　跳转符号输入

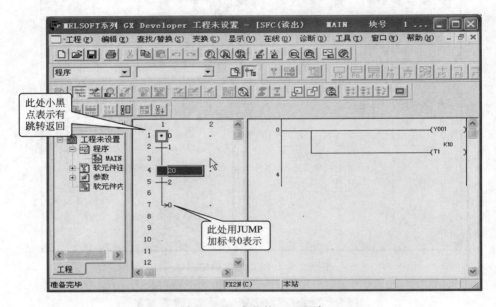

图 2-1-84　完整的 SFC 程序

当输入完跳转符号后，在 SFC 编辑窗口中可以看到有跳转返回的步符号的方框中多了一个小黑点，这说明此工步是跳转返回的目标步，这为阅读 SFC 程序提供了方便。

所有的 SFC 程序编辑完后，单击变换按钮 进行 SFC 程序的变换（编译）。如果在变换时弹出块信息设置对话框，不用理会，单击"执行"按钮即可，变换后的程序就可以进行仿真实验或写入 PLC 进行调试了。如果想观看 SFC 程序对应的顺序控制梯形图，可以这样做：点击"工程"\"编辑数据"\"改变程序类型"，进行数据改变（如图 2-1-85 所示）。

改变后可以看到由 SFC 程序变换成的梯形图程序（如图 2-1-86 所示）。

（二）多流程结构的编程方法

多流程结构是指状态与状态间有多个工作流程的 SFC 程序，多个流程之间是通过并联方式进行连接的，并联连接的流程可以有选择性分支、并行分支、选择性汇合、并行汇合等几种连接方式。下面以具体的实例介绍。

例题 2：某专用钻床用来加工圆盘状零件均匀分布的 6 个孔，操作人员放好工件后，按下启动按钮 X0，Y0 变为 ON，工件被夹紧，夹紧后压力继电器 X1 为 ON，Y1 和 Y3 使两个钻头同时开始工作，钻到由限位开关 X2 和 X4 设定的深度时，Y2 和 Y4 使两个钻头同时上行，升到由限位开关 X3 和 X5 设定的起始位置时停止上行。两个都到位后，Y5 使工件旋转 60°，旋转到位时，X6 为 ON，同时设定值为 3 的计数器 C0 的当前值加 1，旋转结束后，又开始钻第二对孔。3 对孔都钻完后，计数器的当前值等于设定值 3，Y6 使工件松开，松开到位时，限位开关 X7 为 ON，系统返回初始状态。

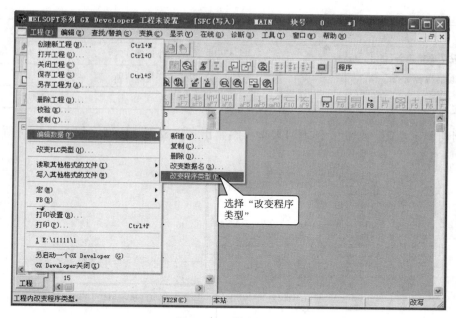

图 2-1-85　数据变换

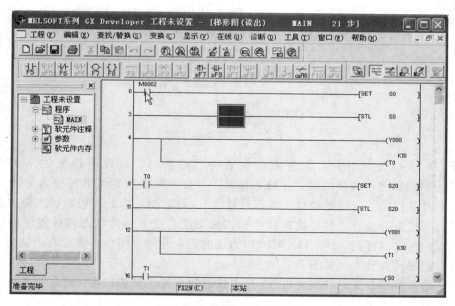

图 2-1-86　转化后的梯形图

根据例题要求写出 I/O 表（见表 2-1-16）。

表 2-1-16　I/O 表

输　入		输　出	
启动按钮	X0	工件加紧	Y0
压力继电器	X1	两钻头下行	Y1 Y3
两钻孔限位	X2 X4	钻头上升	Y2 Y4

续表

输　　　入		输　　出	
两个钻头原始位 X3 X5		工作旋转 Y5	
旋转限位 X6		工作松开 Y6	
工作松开限位 X7			

绘制功能示意图。分析：由题目要求可编辑出顺序控制功能图（如图 2-1-87 所示）。

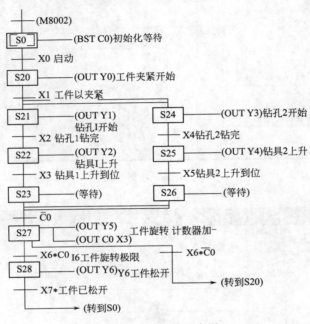

图 2-1-87　功能示意图

打开 GX Developer 软件，设置方法在前面已经讲过，在此不再赘述。本例中利用 M8002 作为启动脉冲，程序的第一块输入梯形图，按照单序列 SFC 程序输入方法。

本例中要求初始状态时要做些工作就是复位 C0 计数器，因此对初始状态做些处理，把光标移到初始状态符号处，在右边窗口中输入梯形图，接下来的状态转移程序的输入与单序列的相同。程序运行到 X1 为 ON 时（压力继电器常开触点闭合）要求两个钻头同时开始工作，所以程序开始分支（如图 2-1-88 所示）。

接下来输入并行分支，控制要求 X1 触点接通状态发生转移，将光标移到条件 1 方向线的下方，单击工具栏中的并行分支写入按钮▣或者按"Alt＋F8"快捷键，使并列分支写入按钮处于按下状态，在光标处按住鼠标左键横向拖动，直到出现一条细蓝线，放开鼠标，这样一条并列分支线就被输入（如图 2-1-89 所示）。

注意：在用鼠标操作进行划线写入时，只有出现蓝色细线时才可以放开鼠标，否则输入失败。

并行分支线的输入也可以采用另一种方法，双击转移条件 1 弹出"SFC 符号输入"对话框（如图 2-1-90 所示）。

在图标号下拉列表框中选择第三行"＝＝D"项，单击"确定"按钮返回，一条并行分支线被输入。并行分支线输入以后的界面如图 2-1-91 所示。

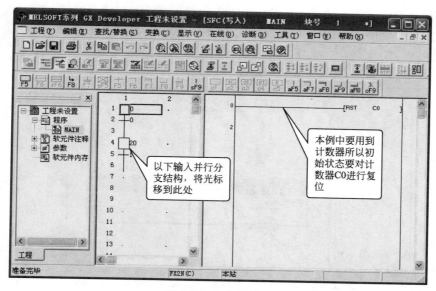

图 2-1-88　程序输入

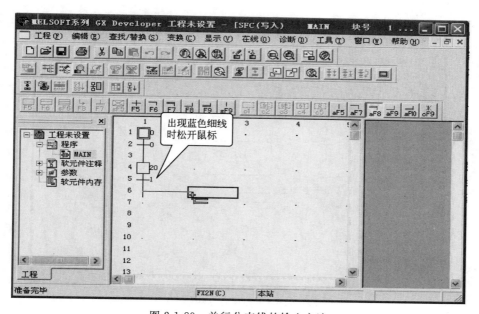

图 2-1-89　并行分支线的输入方法

　　分别在两个分支下面输入各自的状态符号和转移条件符号（如图 2-1-92 所示）。图中每条分支表示一个钻头的工作状态。

　　两个分支输入完成后要有分支汇合。将光标移到步符号 23 的下面，双击鼠标弹出"SFC 符号输入"对话框选择"==C"项，单击"确定"按钮返回（如图 2-1-93 所示）。

　　继续输入程序，当两条并列分支汇合完毕后，此时钻头都已回到初始位置，接下来是工件旋转 60°，程序见图 2-1-94，输入完成后程序又出现了选择分支。将光标移到步符号 27 的下端双击鼠标，弹出的 SFC 符号输入对话框，在图标号下拉列表框中选择"——D"项，单击确定按钮返回 SFC 程序编辑区，这样一个选择分支被输入（如图 2-1-94 所示）。如果

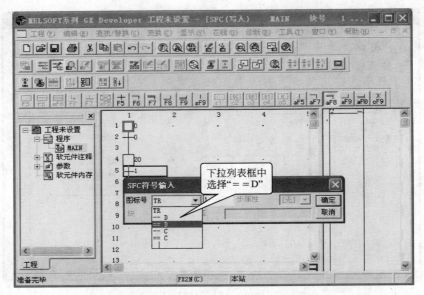

图 2-1-90　并列分支线的输入方法二

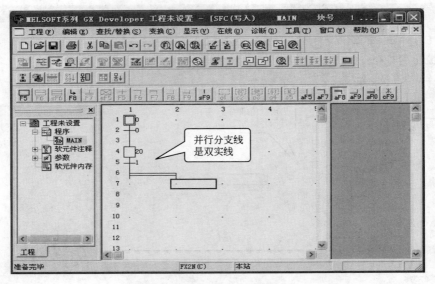

图 2-1-91　并列分支线输入后

利用鼠标操作输入选择分支符号，单击工具栏中的工具按钮 ⎘ 或点击快捷键 ALT＋F7 此时选择分支划线写入按钮呈按下状态，把光标移到需要写入选择分支的地方按住鼠标左键并拖动鼠标，直到出现蓝色细线时放开鼠标，一条选择分支线写入完成。

继续输入程序（如图 2-1-95 所示），在程序结尾处，可以看到本程序用到了两个 JUMP ⎘ 符号，在 SFC 程序中状态的返回或跳转都用 JUMP 符号表示，因此在 SFC 程序中 ⎘ 符号可以多次使用，只需在 JUMP 符号后面加目的标号即可达到返回或跳转的目的。

以上完成了整个程序的输入。

如果双击 JUMP 符号，弹出的"SFC 符号输入"对话框中，会看到"步属性"下拉框处于激活状态而且两个选项分别是"[无]"和"[R]"，当选择"[R]"时，跳转符号由

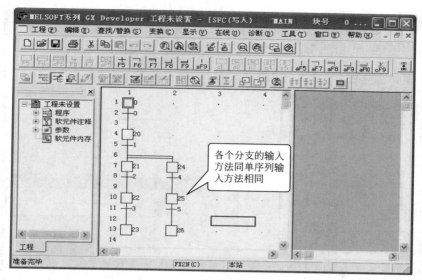

图 2-1-92　分支符号的输入

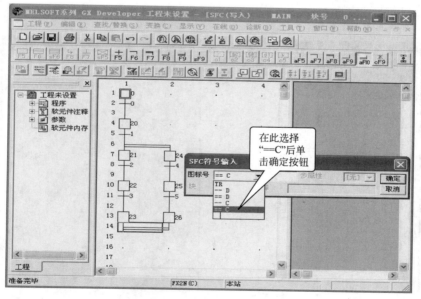

图 2-1-93　并行汇合符号的输入

$\llcorner_{S0}$变为$\downarrow$，"[R]"表示复位操作，意思是复位目的标号处的状态继电器。利用"[R]"的复位作用可以在系统中增加暂停或急停等操作，如图 2-1-96 所示。

三、变频调速控制电路设计方法

变频调速控制电路的控制方式主要有：用低压电器控制、直接用 PLC 控制和 PLC 加常用低压电器控制。低压电器控制和直接用 PLC 控制两种方式在前面已经做过详细介绍，此处不再重复。

控制线路的设计方法主要有功能添加法和步进逻辑公式法。步进逻辑法是指：利用逻辑代数，从生产工艺出发，考虑控制电路中逻辑变量关系，在状态波形图的基础上，按照

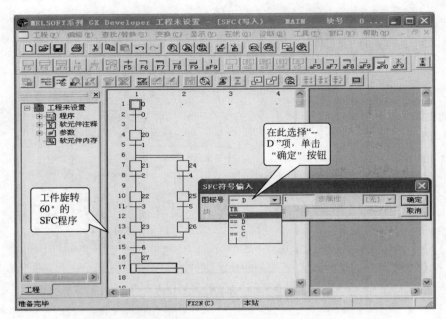

图 2-1-94 选择分支符号的输入

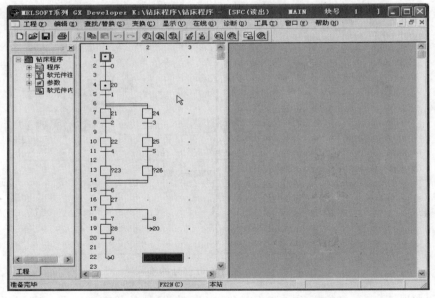

图 2-1-95 完整的程序

图 2-1-96 SFC 符号输入

一定的设计方法和步骤，设计出符合要求的控制电路。该方法设计出的电路较为合理、精炼可靠，特别在复杂电路设计时，可以显示出逻辑设计法的设计优点。

1. 基本规定

电气控制系统由开关量控制时，电路状态与逻辑代数式之间存在对应关系，为将电路状态用逻辑函数式的方式描述出来，通常对电器作如下规定：逻辑代数式的左端是电气控制线路电路的线圈符号，逻辑代数式的右端是电气控制线路的触点符号，中间用等号连接；每个线圈写出一个逻辑代数式。并且规定：

（1）常开触点用原文字符号表示，常闭触点用原文字符号的非表示；

（2）触点并联用逻辑或（＋）表示，触点串联用逻辑与（·）表示。

控制线路可以用逻辑代数式表示，例如，图 2-1-97（a）所示的变频器延时控制电路可表示成逻辑函数方程组如图 2-1-97（b）所示。

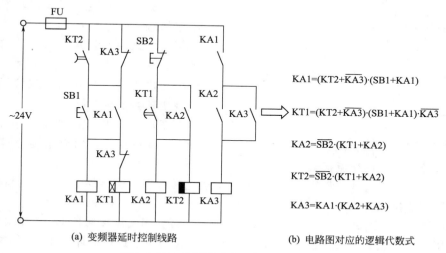

(a) 变频器延时控制线路　　　　(b) 电路图对应的逻辑代数式

图 2-1-97　控制线路向逻辑代数式转换

根据逻辑代数的性质和电气控制线路逻辑代数式的习惯写法，上述方程组可以修改为：

$$KA1 = (SB1 + KA1) \cdot (KT2 + \overline{KA3})$$
$$KT1 = (SB1 + KA1) \cdot (KT2 + \overline{KA3}) \cdot \overline{KA3}$$
$$KA2 = (KT1 + KA2) \cdot \overline{SB2}$$
$$KT2 = (KT1 + KA2) \cdot \overline{SB2}$$
$$KA3 = KA1 \cdot (KA2 + KA3)$$

当然，已知逻辑代数式也可以画出控制线路。其转换关系如图 2-1-98 所示。

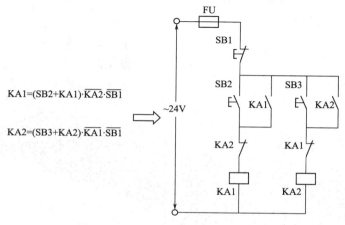

图 2-1-98　逻辑代数向控制线路转换

2. 程序步

全部输出状态保持不变的一段时间区域称为一个程序步，也就是一段子程序。只要一个输出状态发生变化，就转入下一个程序步，也就是转入下一段子程序。

以小车自动往返运动控制为例，说明程序步的划分。图 2-1-99 为小车运动要求图（图中，水平线段有箭头，表示小车按箭头所指的方向水平运动；垂直线段没有箭头，表示小车没有做垂直运动）。

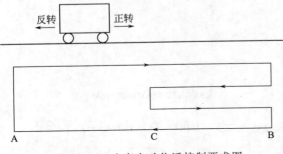

图 2-1-99　小车自动往返控制要求图

分析小车的控制要求图，不难发现，小车的运动分为四个程序步：

（1）第一步：A 到 B，小车向右运动，电动机正转。用交流接触器 KM1 控制电动机正转，或者用交流接触器 KM1 控制变频器正转运行。

（2）第二步：B 到 C，小车向左运动，电动机反转。用交流接触器 KM2 控制电动机反转，或者用交流接触器 KM2 控制变频器反转运行。

（3）第三步：C 到 B，小车向右运动，电动机正转。用交流接触器 KM1 控制电动机正转，或者用交流接触器 KM1 控制变频器正转运行。

（4）第四步：B 到 A，小车向左运动，电动机反转。用交流接触器 KM2 控制电动机反转，或者用交流接触器 KM2 控制变频器反转运行。然后重新进行循环。小车可以在任意位置停车，重新启动时都从第一步开始，但开始位置不是 A 点，而是停车位置。

为完成上述要求，用 3 个限位开关 SQ1～SQ3 作为 A、B、C 位置检测信号，同时作为各步的转步信号。用 M_1～M_4 表示第一步至第四步。之所以用 M_i 表示第 i 步，是因为三菱 PLC 的内部中间继电器是 M，若用其他 PLC，可以用其他字母加 i 表示第 i 步。如果用低压电器组成控制电路，可以用中间继电器的文字符号 KAi 来表示第 i 步。第 i 程序步（本步）用 M_i 表示，第 $i-1$ 程序步（前一步）用 M_{i-1} 表示，第 $i+1$ 程序步（后一步）用 M_{i+1} 表示。在书写逻辑代数式时，M_i 在等号的左边表示线圈，M_i 在等号的右边表示触点。图 2-1-100 为小车自动往返运动的程序分步示意图。

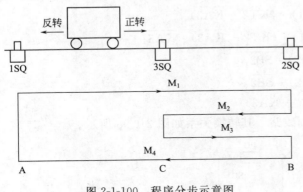

图 2-1-100　程序分步示意图

3. 步进逻辑公式

第 i 程序步 M_i 的书写过程如下。

（1）M_i 是由前一步出现转步信号产生，在小车自动往返控制线路中，转步信号就是压动限位开关 iSQ：

$$M_i = i\text{SQ} \cdot M_{i-1}$$

（2）程序步产生后，应有一段时间区域保持不变，所以应该加自锁：

$$M_i = i\text{SQ} \cdot M_{i-1} + M$$

（3）每一步的消失都是因后一步的出现：

$$M_i = (i\,SQ \cdot M_{i-1} + M_i)\,\overline{M_{i+1}}$$

该式就是以后经常使用的步进逻辑公式。

4. 步进逻辑公式的使用方法

步进逻辑公式的表示方法简单，使用方便。其使用方法是先把控制过程分为若干步并定义转步信号，套用步进逻辑公式写出控制电路的逻辑代数方程式，并绘制电气控制原理图。

四、PLC 加常用低压电器控制变频调速电路安装、调试

用 PLC 加低压电器控制的正反转控制原理图如图 2-1-101 所示，PLC 的参考梯形图如图 2-1-102 所示。工作过程如下。

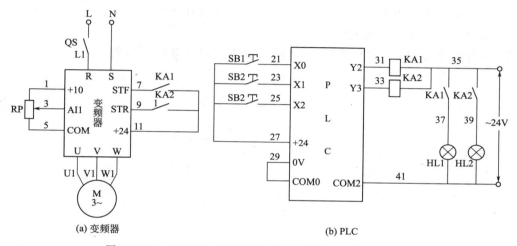

图 2-1-101　用 PLC、继电器控制变频器的正反转控制线路

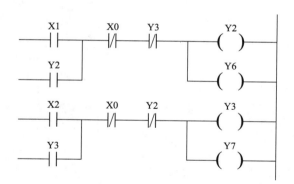

图 2-1-102　正反转控制线路梯形图

合上开关 QS，完成变频器相关参数的设置。按下按钮 SB2，中间继电器 KA1 线圈通电，常开触点 KA1（7，11）闭合，变频器正转运行，电动机正转；常开触点 KA1（35，37）闭合，信号灯 HL1 亮，做正转指示。按下按钮 SB1，中间继电器 KA1 线圈失电，KA1 的各触点复位，变频器停止运行。按下按钮 SB3，中间继电器 KA2 线圈通电；常开触点 KA2（9，11）闭合，变频器反转运行，电动机反转；常开触点 KA2（35，39）闭合，信号灯 HL2 亮，做反转指示。按下按钮 SB1，中间继电器 KA2 线圈失电，KA2 的各触点复位，变频器停止运行。

任 务 小 结

本任务是在学习了常用低压电器控制变频调速电路设计、安装、调试和 PLC 控制变频调速电路设计、安装、调试的基础上进一步学习 PLC 与电源、传感器、输出电路等的接线，PLC 程序编制的 SFC 图的编制方法，包括了单流程结构的编程方法和多流程结构的编程方法及变频调速控制电路设计方法，为后续任务的学习做准备。

习 题

1. PLC 输入和输出电路是如何接线的，注意事项是什么？
2. SFC 编程的优点有哪些？
3. 自行设计用 PLC、继电器控制变频器正反转控制线路的 SFC 图。

任务二　煤矿自动化生产线设计、安装及调试

煤矿自动化生产线设计、安装及调试包括了人机界面安装及调试、硬件安装及调试和软件设计、调试的内容。

分任务一　变频调速电路控制人机界面安装及调试

任务目标

1. 能绘制触摸屏人机界面与 PLC 安装接线图，并根据此图进行正确安装接线；
2. 能建立触摸屏人机界面的实时数据库；
3. 能建立触摸屏人机界面的用户窗口；
4. 能将触摸屏人机界面的实时数据库与设备进行正确连接；
5. 能够对操作过程进行评价，具有独立思考能力、分析判断与决策能力。

任务描述

将综采设备变频调速控制电路的安装及调试中的 PLC 控制和 PLC 加常用低压电器控制变频调速电路的变频器频率和电动机转速显示在触摸屏上，并在触摸屏上进行故障报警显示。

一、触摸屏软件识别

MCGS 嵌入版是专门应用于嵌入式计算机监控系统的组态软件，MCGS 嵌入版包括组态环境和运行环境两部分，它的组态环境能够在基于 Microsoft 的各种 32 位 Windows 平台上运行，运行环境则是在实时多任务嵌入式操作系统 Windows CE 中运行。适应于应用系统对功能、可靠性、成本、体积、功耗等综合性能有严格要求的专用计算机系统。通过对现场数据的采集处理，以动画显示、报警处理、流程控制和报表输出等多种方式向用户提供解决实际工程问题的方案，在自动化领域有着广泛的应用。此外 MCGS 嵌入版还带有一个模拟运行环境，用于对组态后的工程进行模拟测试，方便用户对组态过程的调试。

（一）MCGS 嵌入版组态软件的主要功能认知

（1）简单灵活的可视化操作界面。MCGS 嵌入版采用全中文、可视化、面向窗口的开发界面，符合中国人的使用习惯和要求。以窗口为单位，构造用户运行系统的图形界面，使得 MCGS 嵌入版的组态工作既简单直观，又灵活多变。

（2）实时性强，有良好的并行处理性能。MCGS 嵌入版是真正的 32 位系统，充分利用了 32 位 Windows CE 操作平台的多任务、按优先级分时操作的功能，以线程为单位对在工程作业中实时性强的关键任务和实时性不强的非关键任务进行分时并行处理，使嵌入式 PC 机广泛应用于工程测控领域成为可能。例如，MCGS 嵌入版在处理数据采集、设备驱动和异常处理等关键任务时，可在主机运行周期时间内插空进行像打印数据一类的非关键性工

作，实现并行处理。

（3）丰富、生动的多媒体画面。MCGS嵌入版以图像、图符、报表、曲线等多种形式，为操作员及时提供系统运行中的状态、品质及异常报警等相关信息；用大小变化、颜色改变、明暗闪烁、移动翻转等多种手段，增强画面的动态显示效果；对图元、图符对象定义相应的状态属性，实现动画效果。MCGS嵌入版还为用户提供了丰富的动画构件，每个动画构件都对应一个特定的动画功能。

（4）完善的安全机制。MCGS嵌入版提供了良好的安全机制，可以为多个不同级别用户设定不同的操作权限。此外，MCGS嵌入版还提供了工程密码功能，以保护组态开发者的成果。

（5）强大的网络功能。MCGS嵌入版具有强大的网络通信功能，支持串口通信、Modem串口通信、以太网TCP/IP通信，不仅可以方便快捷地实现远程数据传输，还可以与网络版相结合通过Web浏览功能，在整个企业范围内浏览监测到所有生产信息，实现设备管理和企业管理的集成。

（6）多样化的报警功能。MCGS嵌入版提供多种不同的报警方式，具有丰富的报警类型，方便用户进行报警设置，并且系统能够实时显示报警信息，对报警数据进行应答，为工业现场安全可靠地生产运行提供有力的保障。

（7）实时数据库为用户分步组态提供极大方便。MCGS嵌入版由主控窗口、设备窗口、用户窗口、实时数据库和运行策略五个部分构成，其中实时数据库是一个数据处理中心，是系统各个部分及其各种功能性构件的公用数据区，是整个系统的核心。各个部件独立地向实时数据库输入和输出数据，并完成自己的差错控制。在生成用户应用系统时，每一部分均可分别进行组态配置，独立建造，互不相干。

（8）支持多种硬件设备，实现"设备无关"。MCGS嵌入版针对外部设备的特征，设立设备工具箱，定义多种设备构件，建立系统与外部设备的连接关系，赋予相关的属性，实现对外部设备的驱动和控制。用户在设备工具箱中可方便选择各种设备构件。不同的设备对应不同的构件，所有的设备构件均通过实时数据库建立联系，而建立时又是相互独立的，即对某一构件的操作或改动，不影响其他构件和整个系统的结构，因此MCGS嵌入版是一个"设备无关"的系统，用户不必担心因外部设备的局部改动而影响整个系统。

（9）方便控制复杂的运行流程。MCGS嵌入版开辟了"运行策略"窗口，用户可以选用系统提供的各种条件和功能的策略构件，用图形化的方法和简单的Basic语言构造多分支的应用程序，按照设定的条件和顺序，操作外部设备，控制窗口的打开或关闭，与实时数据库进行数据交换，实现自由、精确地控制运行流程，同时也可以由用户创建新的策略构件，扩展系统的功能。

（10）良好的可维护性。MCGS嵌入版系统由五大功能模块组成，主要的功能模块以构件的形式来构造，不同的构件有着不同的功能，且各自独立。三种基本类型的构件（设备构件、动画构件、策略构件）完成了MCGS嵌入版系统的三大部分（设备驱动、动画显示和流程控制）的所有工作。

（11）用自建文件系统来管理数据存储，系统可靠性更高。由于MCGS嵌入版不再使用Access数据库来存储数据，而是使用了自建的文件系统来管理数据存储，所以与MCGS通用版相比，MCGS嵌入版的可靠性更高，在异常掉电的情况下也不会丢失数据。

（12）设立对象元件库，组态工作简单方便。对象元件库，实际上是分类存储各种组态对象的图库。组态时，可把制作完好的对象（包括图形对象、窗口对象、策略对象以及位图文件等）以元件的形式存入图库中，也可把元件库中的各种对象取出，直接为当前的工程所用，随着工作的积累，对象元件库将日益扩大和丰富。这样解决了组态结果的积累和重新利用问题。组态工作将会变得越来越简单方便。

总之，MCGS 嵌入版组态软件具有强大的功能，并且操作简单，易学易用，普通工程人员经过短时间的培训就能迅速掌握多数工程项目的设计和运行操作。同时使用 MCGS 嵌入版组态软件能够避开复杂的嵌入版计算机软、硬件问题，而将精力集中于解决工程问题本身，根据工程作业的需要和特点，组态配置出高性能、高可靠性和高度专业化的工业控制监控系统。

（二）熟悉 MCGS 嵌入版组态软件的主要特点

（1）容量小：整个系统最低配置只需要极小的存储空间，可以方便地使用 DOC 等存储设备。

（2）速度快：系统的时间控制精度高，可以方便地完成各种高速采集系统，满足实时控制系统要求。

（3）成本低：使用嵌入式计算机，大大降低设备成本。

（4）真正嵌入：运行于嵌入式实时多任务操作系统。

（5）稳定性高：无风扇，内置"看门狗"，上电重启时间短，可在各种恶劣环境下长时间稳定运行。

（6）功能强大：提供中断处理，定时扫描精度可达到毫秒级，提供对计算机串口、内存、端口的访问。并可以根据需要灵活组态。

（7）通信方便：内置串行通信功能、以太网通信功能、GPRS 通信功能、Web 浏览功能和 Modem 远程诊断功能，可以方便地实现与各种设备进行数据交换、远程采集和 Web 浏览。

（8）操作简便：MCGS 嵌入版采用的组态环境，继承了 MCGS 通用版与网络版简单易学的优点，组态操作既简单直观，又灵活多变。

（9）支持多种设备：提供了所有常用的硬件设备的驱动。

（10）有助于建造完整的解决方案：MCGS 嵌入版组态环境运行于具备良好人机界面的 Windows 操作系统上，具备与昆仑通态公司已经推出的通用版本组态软件和网络版组态软件相同的组态环境界面，可有效帮助用户建造从嵌入式设备，现场监控工作站到企业生产监控信息网在内的完整解决方案；并有助于用户开发的项目在这三个层次上的平滑迁移。

（三）MCGS 嵌入版组态软件的体系结构认知

MCGS 嵌入式体系结构分为组态环境、模拟运行环境和运行环境三部分。

组态环境和模拟运行环境相当于一套完整的工具软件，可以在 PC 机上运行。用户可根据实际需要裁减其中内容。它帮助用户设计和构造自己的组态工程并进行功能测试。

运行环境则是一个独立的运行系统，它按照组态工程中用户指定的方式进行各种处理，完成用户组态设计的目标和功能。运行环境本身没有任何意义，必须与组态工程一起作为一个整体，才能构成用户应用系统。一旦组态工作完成，并且将组态好的工程通过串口或以太网下载到下位机的运行环境中，组态工程就可以离开组态环境而独立运行在下位机上。从而实现控制系统的可靠性、实时性、确定性和安全性。

图 2-2-1 所示为 MCGS 嵌入式体系结构，由 MCGS 嵌入版生成的用户应用系统，其结构由主控窗口、设备窗口、用户窗口、实时数据库和运行策略五个部分构成，如图 2-2-2 所示。

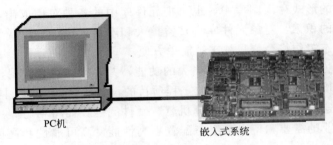

图 2-2-1　MCGS嵌入式体系结构

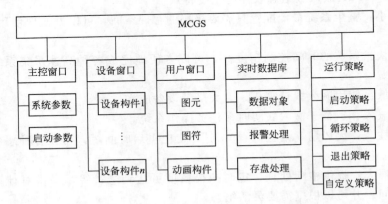

图 2-2-2　MCGS嵌入式用户应用系统结构

　　窗口是屏幕中的一块空间，是一个"容器"，直接提供给用户使用。在窗口内，用户可以放置不同的构件，创建图形对象并调整画面的布局，组态配置不同的参数以完成不同的功能。在 MCGS 嵌入版中，每个应用系统只能有一个主控窗口和一个设备窗口，但可以有多个用户窗口和多个运行策略，实时数据库中也可以有多个数据对象。MCGS 嵌入版用主控窗口、设备窗口和用户窗口来构成一个应用系统的人机交互图形界面，组态配置各种不同类型和功能的对象或构件，同时可以对实时数据进行可视化处理。

　　（1）实时数据库是 MCGS 嵌入版系统的核心。实时数据库相当于一个数据处理中心，同时也起到公用数据交换区的作用。MCGS 嵌入版使用自建文件系统中的实时数据库来管理所有实时数据。从外部设备采集来的实时数据送入实时数据库，系统其他部分操作的数据也来自于实时数据库。实时数据库自动完成对实时数据的报警处理和存盘处理，同时它还根据需要把有关信息以事件的方式发送给系统的其他部分，以便触发相关事件，进行实时处理。因此，实时数据库所存储的单元，不单单是变量的数值，还包括变量的特征参数（属性）及对该变量的操作方法（报警属性、报警处理和存盘处理等）。这种将数值、属性、方法封装在一起的数据称之为数据对象。实时数据库采用面向对象的技术，为其他部分提供服务，提供了系统各个功能部件的数据共享。

　　（2）主控窗口构造了应用系统的主框架。主控窗口确定了工业控制中工程作业的总体轮廓，以及运行流程、特性参数和启动特性等内容，是应用系统的主框架。

　　（3）设备窗口是 MCGS 嵌入版系统与外部设备联系的媒介。设备窗口专门用来放置不同类型和功能的设备构件，实现对外部设备的操作和控制。设备窗口通过设备构件把外部设备的数据采集进来，送入实时数据库，或把实时数据库中的数据输出到外部设备。一个应用系统只有一个设备窗口，运行时，系统自动打开设备窗口，管理和调度所有设备构件正常工作，并在后台独立运行。注意，对用户来说，设备窗口在运行时是不可见的。

（4）用户窗口实现了数据和流程的"可视化"。用户窗口中可以放置三种不同类型的图形对象：图元、图符和动画构件。图元和图符对象为用户提供了一套完善的设计制作图形画面和定义动画的方法。动画构件对应于不同的动画功能，它们是从工程实践经验中总结出的常用的动画显示与操作模块，用户可以直接使用。通过在用户窗口内放置不同的图形对象，搭制多个用户窗口，用户可以构造各种复杂的图形界面，用不同的方式实现数据和流程的"可视化"。

组态工程中的用户窗口，最多可定义 512 个。所有的用户窗口均位于主控窗口内，其打开时窗口可见；关闭时窗口不可见。

（5）运行策略是对系统运行流程实现有效控制的手段。运行策略本身是系统提供的一个框架，其里面放置有策略条件构件和策略构件组成的"策略行"，通过对运行策略的定义，使系统能够按照设定的顺序和条件操作实时数据库，控制用户窗口的打开、关闭并确定设备构件的工作状态等，从而实现对外部设备工作过程的精确控制。

一个应用系统有三个固定的运行策略：启动策略、循环策略和退出策略，同时允许用户创建或定义最多 512 个用户策略。启动策略在应用系统开始运行时调用，退出策略在应用系统退出运行时调用，循环策略由系统在运行过程中定时循环调用，用户策略供系统中的其他部件调用。

综上所述，一个应用系统由主控窗口、设备窗口、用户窗口、实时数据库和运行策略五个部分组成。组态工作开始时，系统只为用户搭建了一个能够独立运行的空框架，提供了丰富的动画部件与功能部件。如果要完成一个实际的应用系统，应主要完成以下工作：

首先，要像搭积木一样，在组态环境中用系统提供的或用户扩展的构件构造应用系统，配置各种参数，形成一个有丰富功能可实际应用的工程；

然后，把组态环境中的组态结果提交给运行环境。运行环境和组态结果一起就构成了用户自己的应用系统。

（四）MCGS 嵌入版组态软件的系统需求

1. 硬件需求

MCGS 嵌入版组态软件的硬件需求分为组态环境需求和运行环境需求两部分。

（1）组态环境硬件需求　MCGS 嵌入版组态环境硬件需求和通用版硬件需求相同。

① 最低配置。系统要求在 IBM PC486 以上的微型机或兼容机上运行，建议使用 intel 酷睿四代 i 系列处理器，以 Microsoft 的 WindowsXP、windows 7 或 Windows 8 为操作系统。计算机的最低配置要求如下：

a. CPU：可运行于任何 Intel 及兼容 Intel X86 指令系统的 CPU。

b. 内存：当使用 Windows XP 操作系统时内存应在 1GB 以上；

当选用 Windows 7 32 位操作系统时，系统内存应在 2GB 以上；

当选用 Windows 7 64 位操作系统时，系统内存应在 4GB 以上；

当选用 Windows 8 32 位操作系统时，系统内存应在 2GB 以上；

当选用 Windows 8 64 位操作系统时，系统内存应在 4GB 以上。

c. 显卡：Windows 系统兼容，含有 512MB 以上的显示内存，可工作于 1024×768 分辨率，256 色模式下。

d. 硬盘：MCGS 嵌入版组态软件占用的硬盘空间最少为 40GB。

低于以上配置要求的硬件系统，将会影响系统功能的完全发挥。目前市面上流行的各种品牌机和兼容机都能满足上述要求。

② 推荐配置。MCGS 嵌入版组态软件的设计目标是瞄准高档 PC 机和高档操作系统，充分利用高档 PC 兼容机的低价格、高性能来为工业应用级的用户提供安全可靠的服务。

CPU：使用相当于 Intel 公司的酷睿四代 i 系列 CPU。

内存：当使用 Windows XP 操作系统时内存应在 1GB 以上；

当选用 Windows 7 32 位操作系统时，系统内存应在 2GB 以上；

当选用 Windows 7 64 位操作系统时，系统内存应在 4GB 以上；

当选用 Windows 8 32 位操作系统时，系统内存应在 2GB 以上；

当选用 Windows 8 64 位操作系统时，系统内存应在 4GB 以上。

显卡：Windows 系统兼容，含有 1MB 以上的显示内存，可工作于 1024×768 分辨率，真彩 256 色模式下。

硬盘：MCGS 嵌入版组态软件占用的硬盘空间约为 500GB。

（2）运行环境硬件需求

目前 MCGS 嵌入版组态软件运行环境能够运行在 X86 和 ARM 两种类型的 CPU 上。

① 最低配置。

RAM：4GB。

DOC：2GB。

② 推荐配置。

RAM：64GB（若需要使用带中文界面的系统，则至少需要 32GB）。

DOC：32GB（若需要使用带中文界面的系统，则至少需要 16GB）。

2. 软件需求

MCGS 嵌入版组态软件的软件需求也分为组态环境和运行环境两部分介绍。

（1）组态环境软件需求 MCGS 嵌入版组态环境软件需求和通用版相同可以在以下操作系统下运行：

中文 Microsoft Windows Server 2003（需要安装 SP3）或更高版本；

中文 Microsoft Windows XP（需要安装 SP3）或更高版本；

中文 Microsoft Windows 7（Windows 8 推荐安装 IE8.0）或更高版本。

（2）运行环境软件需求 嵌入版运行环境要求运行在实时多任务操作系统，现在支持 WindowsCE 实时多任务操作系统。

（五）MCGS 嵌入版的安装

嵌入版的组态环境与通用版基本一致，是专为 Microsoft Windows 系统设计的 32 位应用软件，可以运行于 Windows XP、7、8 或以上版本的 32 位操作系统中，其模拟环境也同样运行在 WindowsXP、7、8 或以上版本的 32 位操作系统中。推荐使用中文 WindowsXP、7、8 或以上版本的操作系统。而嵌入版的运行环境则需要运行在 Windows CE 嵌入式实时多任务操作系统中。

安装 MCGS 嵌入版组态软件之前，必须安装好 Windows XP、7、8，详细的安装指导请参见相关软件的软件手册。

1. 上位机的安装

MCGS 嵌入版只有一张安装光盘，具体安装步骤如下。

① 启动 Windows。

② 在相应的驱动器中插入光盘。

③ 插入光盘后会自动弹出 MCGS 组态软件安装界面（如没有窗口弹出，则从 Windows 的"开始"菜单中，选择"运行"命令，运行光盘中的 Autorun.exe 文件），如图 2-2-3 所示。

图 2-2-3　安装初始界面

④ 选择"安装 MCGS 组态软件嵌入版"，启动安装程序开始安装。如图 2-2-4 所示。

图 2-2-4　安装界面

⑤ 随后，是一个欢迎界面，如图 2-2-5 所示。

⑥ 单击"下一个"，安装程序将提示用户指定安装的目录，如果用户没有指定，系统缺省安装到"D：\MCGSE"目录下，建议使用缺省安装目录，如图 2-2-6 所示。

⑦ 安装过程将持续数分钟。

⑧ 安装过程完成后，系统将弹出"安装完成"对话框，上面有两种选择：重新启动计算机和稍后重新启动计算机，建议重新启动计算机后再运行组态软件。单击"结束"按钮，将结束安装，如图 2-2-7 所示。

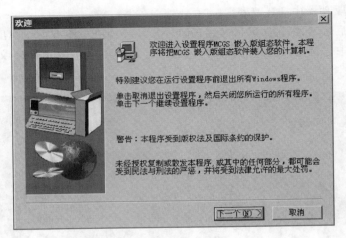

图 2-2-5　欢迎界面

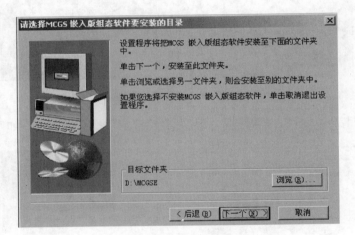

图 2-2-6　安装目录

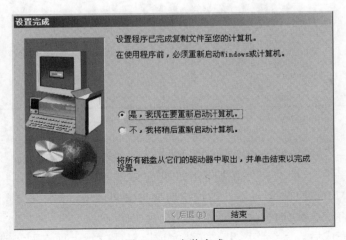

图 2-2-7　安装完成

⑨ 安装完成后，Windows 操作系统的桌面上添加了如图 2-2-8 所示的两个图标，分别

用于启动 MCGS 嵌入版组态环境和模拟运行环境。

⑩ 同时，Windows 在开始菜单中也添加了相应的 MCGS 嵌入版组态软件程序组，此程序组包括五项内容：MCGSE 组态环境、MCGSE 模拟环境、MCGSE 自述文件、MCGSE 电子文档以及卸载 MCGS 嵌入版。MCGSE 组态环境是嵌入版的组态环境；MCGSE 模拟环境是嵌入版的模拟运行环境；MCGSE 自述文件描述了软件发行时的最后信息；MCGSE 电子文档则包含了有关 MCGS 嵌入版最新的帮助信息。如图 2-2-9 所示。

图 2-2-8　桌面图标

图 2-2-9　创建电子文档

在系统安装完成以后，在用户指定的目录下（或者是默认目录 D：\\MCGSE），存在三个子文件夹：Program、Samples、Work。Program 子文件夹中，可以看到以下两个应用程序 McgsSetE.exe、CEEMU.exe 以及 MCGSCE.X86、MCGSCE.ARMV4。McgsSetE.exe 是运行嵌入版组态环境的应用程序；CEEMU.exe 是运行模拟运行环境的应用程序；MCGSCE.X86 和 MCGSCE.ARMV4 是嵌入版运行环境的执行程序，分别对应 X86 类型的 CPU 和 ARM 类型的 CPU，通过组态环境中的下载对话框的高级功能下载到下位机中运行，是下位机中实际运行环境的应用程序。

2．下位机的安装

安装有 Windows CE 操作系统的下位机在出厂时已经配置了 MCGS 嵌入版的运行环境，即下位机的 HardDisk\MCGSBIN\McgsCE.exe。

把 MCGS 嵌入版下位机的运行环境通过上位机配置到下位机，方法如下。

首先，启动上位机上的 MCGSE 组态环境，在组态环境下选择工具菜单中的"下载配置"，将弹出"下载配置"对话框，连接好下位机，如图 2-2-10 所示。

然后，连接方式选择"TCP/IP 网络"，并在目标机名框内写上下位机的 IP 地址，选择"高级操作"，弹出"高级操作"设置页，如图 2-2-11 所示。

在"更新文件"框中输入嵌入版运行环境的文件（组态环境会自动判断下位机 CPU 的类型，并自动选择 MCGSCE.X86 或 MCGSCE.ARMV4）所在路径，然后单击"开始更新"按钮，完成更新下位机的运行环境，然后重新启动下位机即可。

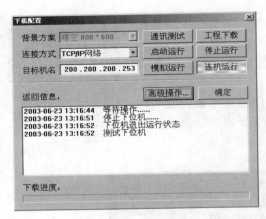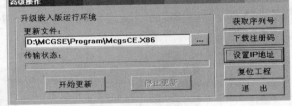

图 2-2-10　下载配置　　　　　　　　　　　　图 2-2-11　高级操作

（六）MCGS 嵌入版的运行

MCGS 嵌入版组态软件包括组态环境、运行环境、模拟运行环境三部分。文件 McgsSetE.exe 对应于组态环境，文件 McgsCE.exe 对应于运行环境，文件 CEEMU.exe 对应于模拟运行环境。其中，组态环境和模拟运行环境安装在上位机中；运行环境安装在下位机中。组态环境是用户组态工程的平台。模拟运行环境可以在 PC 机上模拟工程的运行情况，用户可以不必连接下位机，对工程进行检查。运行环境是下位机真正的运行环境。

当组态好一个工程后，可以在上位机的模拟运行环境中试运行，以检查是否符合组态要求。也可以将工程下载到下位机中，在实际环境中运行。下载新工程到下位机时，如果新工程与旧工程不同，将不会删除磁盘中的存盘数据；如果是相同的工程，但同名组对象结构不同，则会删除改组对象的存盘数据。

在组态环境下选择工具菜单中的"下载配置"，将弹出"下载配置"对话框，选择好背景方案。

1. 设置域

（1）背景方案：用于设置模拟运行环境屏幕的分辨率。用户可根据需要选择。包含 8 个选项：

　① 标准 320×240；

　② 标准 640×480；

　③ 标准 800×600；

　④ 标准 1024×768；

　⑤ 晴空 320×240；

　⑥ 晴空 640×480；

　⑦ 晴空 800×600；

　⑧ 晴空 1024×768。

（2）连接方式：用于设置上位机与下位机的连接方式。包括两个选项。

　① TCP/IP 网络：通过 TCP/IP 网络连接。选择此项时，下方显示目标机名输入框，用于指定下位机的 IP 地址。

　② 串口通信：通过串口连接。选择此项时，下方显示串口选择输入框，用于指定与下位机连接的串口号。

2. 功能按钮

（1）通信测试：用于测试通信情况；

（2）工程下载：用于将工程下载到模拟运行环境，或下位机的运行环境中；

（3）启动运行：启动嵌入式系统中的工程运行；

（4）停止运行：停止嵌入式系统中的工程运行；

（5）模拟运行：工程在模拟运行环境下运行；

（6）连机运行：工程在实际的下位机中运行；

（7）高级操作：点击"高级操作"按钮弹出对话框。

① 获取序列号：获取 TPC 的运行序列号，每一台 TPC 都有一个唯一的序列号，以及一个标名运行环境可用点数的注册码文件；

② 下载注册码：将已存在的注册码文件下载到下位机中；

③ 设置 IP 地址：用于设置下位机 IP 地址；

④ 复位工程：用于将工程恢复到下载时状态；

⑤ 退出：退出高级操作。

3. 操作步骤

打开下载配置窗口，选择"模拟运行"。

单击"通信测试"，测试通信是否正常。如果通信成功，在返回信息框中将提示"通信测试正常"。同时弹出模拟运行环境窗口，此窗口打开后，将以最小化形式，在任务栏中显示。如果通信失败将在返回信息框中提示"通信测试失败"。

单击"工程下载"，将工程下载到模拟运行环境中。如果工程正常下载，将提示："工程下载成功！"。

单击"启动运行"，模拟运行环境启动，模拟环境最大化显示，即可看到工程正在运行。如图 2-2-12 所示。

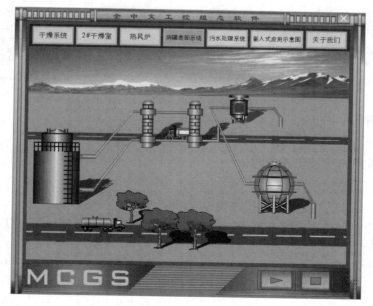

图 2-2-12　启动运行

单击下载配置中的"停止运行"按钮，或者模拟运行环境窗口中的停止按钮 ▦ ，工程停止运行；单击模拟运行环境窗口中的关闭按钮☒，窗口关闭。

　　4. **手动设置模拟运行环境（CEEMU.exe）**

　　提醒： 尽量不要使用手动设置模拟运行环境。

　　方法一：

　　① 单击开始菜单中的"运行"命令。弹出运行对话框。

　　② 输入 CEEMU.exe 文件的路径及相应的命令和参数，可以实现不同的启动方式。如 "D：\MCGSE\Program\CEEMU.exe /I：emulator\BZMcgs640.INI"。如图 2-2-13 所示。

　　③ 单击"确定"即可运行。

　　方法二：

　　① 选中桌面或开始菜单中的"MCGSE 模拟环境"，单击右键打开属性设置对话框。

　　② 在 "MCGS 模拟环境属性"的"快捷方式"项的"目标（T）"中输入"D：\MCGSE\Program\CEEMU.exe /CE/I：Emulator\BZMcgs640.ini"，即文件 CEEMU.exe 所在的路径，如图 2-2-14 所示。

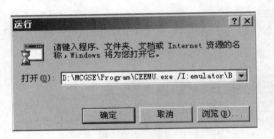

图 2-2-13　运行

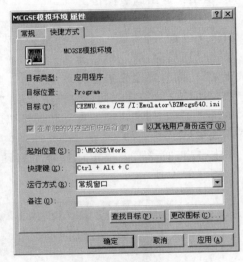

图 2-2-14　模拟环境属性

　　③ 单击"确定"。

　　④ 双击快捷方式即可按照设置方式启动。

二、触摸屏用户窗口识别与建立

（一）概述

　　用户窗口是由用户来定义的、用来构成 MCGS 嵌入版图形界面的窗口。用户窗口是组成 MCGS 嵌入版图形界面的基本单位，所有的图形界面都是由一个或多个用户窗口组合而成的，它的显示和关闭由各种功能构件（包括动画构件和策略构件）来控制。

　　用户窗口相当于一个"容器"，用来放置图元、图符和动画构件等各种图形对象，通过对图形对象的组态设置，建立与实时数据库的连接，来完成图形界面的设计工作。

　　用户窗口内的图形对象是以"所见即所得"的方式来构造的，也就是说，组态时用户窗口内的图形对象是什么样，运行时就是什么样，同时打印出来的结果也不变。因此，用户窗口除了构成图形界面以外，还可以作为报表中的一页来打印。把用户窗口视区的大小设置成对应纸张的大小，就可以打印出由各种复杂图形组成的报表。

1. 图形对象

图形对象放置在用户窗口中，是组成用户应用系统图形界面的最小单元。MCGS 嵌入版中的图形对象包括图元对象、图符对象和动画构件三种类型，不同类型的图形对象有不同的属性，所能完成的功能也各不相同。图形对象可以从 MCGS 嵌入版提供的绘图工具箱和常用图符工具箱中选取，如图 2-2-15 所示，绘图工具箱提供了常用的图元对象和动画构件，常用图符工具箱提供了常用的图形。

2. 图元对象

图元是构成图形对象的最小单元。多种图元的组合可以构成新的、复杂的图形对象。MCGS 嵌入版为用户提供了下列 8 种图元对象：

① 直线；

② 弧线；

③ 矩形；

④ 圆角矩形；

⑤ 椭圆；

⑥ 折线或多边形；

⑦ 标签；

⑧ 位图。

图 2-2-15　工具箱和
常用图形符号

折线或多边形图元对象是由多个线段或点组成的图形元素，当起点与终点的位置不相同时，该图元为一条折线；当起点与终点的位置相重合时，就构成了一个封闭的多边形。

文本图元对象是由多个字符组成的一行字符串，该字符串显示于指定的矩形框内。MCGS 嵌入版把这样的字符串称为文本图元。

位图图元对象是后缀为". bmp"的图形文件中所包含的图形对象。也可以是一个空白的位图图元。

MCGS 嵌入版的图元是以向量图形的格式而存在的，根据需要可随意移动图元的位置和改变图元的大小（对于文本图元，只改变显示矩形框的大小，文本字体的大小并不改变。对于位图图元，不仅改变显示区域的大小，而且对位图轮廓进行缩放处理，但位图本身的实际大小并无变化）。

3. 图符对象

多个图元对象按照一定规则组合在一起所形成的图形对象，称为图符对象。图符对象是作为一个整体而存在的，可以随意移动和改变大小。多个图元可构成图符，图元和图符又可构成新的图符，新的图符可以分解，还原成组成该图符的图元和图符。

MCGS 嵌入版系统内部提供了 27 种常用的图符对象，放在常用图符工具箱中，称为系统图符对象，为快速构图和组态提供方便。系统图符是专用的，不能分解，以一个整体参与图形的制作。系统图符可以和其他图元、图符一起构成新的图符。

MCGS 嵌入版提供的系统图符如下：

① 平行四边形；

② 等腰梯形；

③ 菱形；

④ 八边形；

⑤ 注释框；

⑥ 十字形；

⑦ 立方体；

⑧ 楔形；

⑨ 六边形；

⑩ 等腰三角形；

⑪ 直角三角形；

⑫ 五角星形；

⑬ 星形；

⑭ 弯曲管道；

⑮ 罐形；

⑯ 粗箭头；

⑰ 细箭头；

⑱ 三角箭头；

⑲ 凹槽平面；

⑳ 凹平面；

㉑ 凸平面；

㉒ 横管道；

㉓ 竖管道；

㉔ 管道接头；

㉕ 三维锥体；

㉖ 三维球体；

㉗ 三维圆环。

其中，⑲～㉗为具有三维立体效果的图符构件。

4. 动画构件

所谓动画构件，实际上就是将工程监控作业中经常操作或观测用的一些功能性器件软件化，做成外观相似、功能相同的构件，存入 MCGS 嵌入版的"工具箱"中，供用户在图形对象组态配置时选用，完成一个特定的动画功能。

动画构件本身是一个独立的实体，它比图元和图符包含有更多的特性和功能，它不能和其他图形对象一起构成新的图符。

MCGS 嵌入版目前提供的动画构件有：

① 输入框构件：用于输入和显示数据；

② 流动块构件：实现模拟流动效果的动画显示；

③ 百分比填充构件：实现按百分比控制颜色填充的动画效果；

④ 标准按钮构件：接受用户的按键动作，执行不同的功能；

⑤ 动画按钮构件：显示内容随按钮的动作变化；

⑥ 旋钮输入构件：以旋钮的形式输入数据对象的值；

⑦ 滑动输入器构件：以滑动块的形式输入数据对象的值；

⑧ 旋转仪表构件：以旋转仪表的形式显示数据；

⑨ 动画显示构件：以动画的方式切换显示所选择的多幅画面；

⑩ 实时曲线构件：显示数据对象的实时数据变化曲线；

⑪ 历史曲线构件：显示历史数据的变化趋势曲线；

⑫ 报警显示构件：显示数据对象实时产生的报警信息；

⑬ 自由表格构件：以表格的形式显示数据对象的值；

⑭ 历史表格构件：以表格的形式显示历史数据，可以用来制作历史数据报表；

⑮ 存盘数据浏览构件：用表格形式浏览存盘数据；

⑯ 组合框构件：以下拉列表的方式完成对大量数据的选择。

（二）用户窗口的类型

在工作台上的用户窗口栏中组态出来的窗口就是用户窗口，打开用户窗口的属性设置，如图 2-2-16 和图 2-2-17 所示。

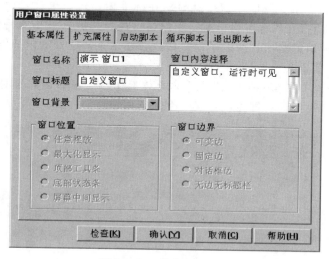

图 2-2-16　基本属性设置

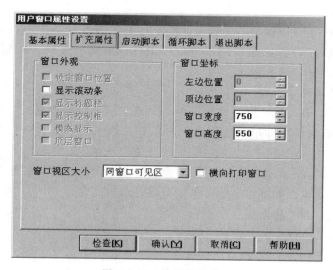

图 2-2-17　扩展属性设置

在 MCGS 嵌入版中，根据打开窗口的不同方法，用户窗口可分为以下两种类型：

① 标准窗口；

② 子窗口。

1. 标准窗口

标准窗口是最常用的窗口，作为主要的显示画面，用来显示流程图、系统总貌以及各个操作画面等。可以使用动画构件或策略构件中的打开/关闭窗口或脚本程序中的SetWindow 函数以及窗口的方法来打开和关闭标准窗口。

标准窗口有名字、位置、可见度等属性。

2. 子窗口

在组态环境中，子窗口和标准窗口一样组态。子窗口与标准窗口不同的是，在运行时，子窗口不是用普通的打开窗口的方法打开的，而是使用某个已经打开的标准窗口中，使用OpenSubWnd 方法打开的，此时子窗口就显示在标准窗口内。也就是说，用某个标准窗口的 OpenSubWnd 方法打开的标准窗口就是子窗口（注意：嵌入版不支持嵌套窗口的打开）。子窗口总是在当前窗口的前面，所以子窗口最适合显示某一项目的详细信息。

（三）创建用户窗口

如图 2-2-18 所示，在 MCGSE 组态环境的"工作台"窗口内，选择"用户窗口"页，鼠标单击"新建窗口"按钮，即可以定义一个新的用户窗口。

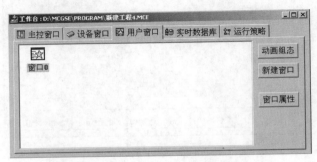

图 2-2-18　创建用户窗口

在用户窗口页中，可以像在 Windows 系统的文件操作窗口中一样，以大图标、小图标、列表、详细资料四种方式显示用户窗口，也可以剪切、拷贝、粘贴指定的用户窗口，还可以直接修改用户窗口的名称。

（四）设置窗口属性

在 MCGS 嵌入版中，用户窗口也是作为一个独立的对象而存在的，它包含的许多属性需要在组态时正确设置。鼠标单击选中的用户窗口，用下列方法之一打开用户窗口属性设置对话框：

① 选中需要设置属性的窗口，在"用户窗口"页中单击"窗口属性"按钮；

② 选中需要设置属性的窗口，单击鼠标右键，选择属性；

③ 单击工具条中的"显示属性"按钮（🖻）；

④ 执行"编辑"菜单中的"属性"命令；

⑤ 按快捷键"Alt＋Enter"；

⑥ 进入窗口后，鼠标双击用户窗口的空白处。

在对话框弹出后，可以分别对用户窗口的"基本属性"、"扩充属性"、"启动脚本"、"循环脚本"和"退出脚本"等属性进行设置。

1. 基本属性

基本属性包括窗口名称、窗口标题、窗口背景以及窗口内容注释等内容。对各项属性内容简介如下。

系统各个部分对用户窗口的操作是根据窗口名称进行的，因此，每个用户窗口的名称都是唯一的。在建立窗口时，系统赋予窗口的缺省名称为"窗口×"（×为区分窗口的数字代码）。

窗口标题是系统运行时在用户窗口标题栏上显示的标题文字。

窗口背景一栏用来设置窗口背景的颜色。如图 2-2-19 所示。

2. 扩充属性

鼠标单击"扩充属性"标签，进入用户窗口的"扩充属性"页，如图 2-2-20 所示。

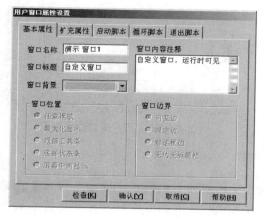

图 2-2-19　用户窗口基本属性设置

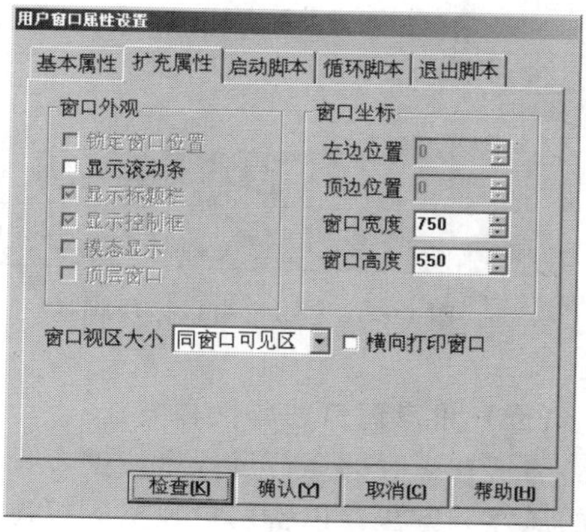

图 2-2-20　用户窗口扩充属性设置

在扩充属性中，可以设置显示滚动条，以确保全部桌面被完整显示，但是设置时应注意，若要选择有效，那么必须"窗口视区大小"设置选项不能够为"同窗口可见区"。

在扩充属性中的"窗口视区"是指实际用户窗口可用的区域，在显示器屏幕上所见的区域称为可见区，一般情况下两者大小相同，但是可以把"窗口视区"设置成大于可见区。打印窗口时，按"窗口视区"的大小来打印窗口的内容。还可以选择打印方向是按打印纸张的纵向打印还是按打印纸张的横向打印。

3. 启动脚本

鼠标单击"启动脚本"标签，进入该用户窗口的"启动脚本"属性页，如图 2-2-21 所示。单击"打开脚本程序编辑器"按钮，可以用 MCGS 嵌入版提供的类似普通 BASIC 语言的编程语言，编写脚本程序控制该用户窗口启动时需要完成的操作任务。

4. 循环脚本

鼠标单击"循环脚本"标签，进入该用户窗口的"循环脚本"属性页，如图 2-2-22 所示。在"循环时间"输入栏，输入循环执行时间，单击"打开脚本程序编辑器"按钮，可以编写脚本程序控制该用户窗口需要完成的循环操作任务。

5. 退出脚本

鼠标单击"退出脚本"标签，进入该用户窗口的"退出脚本"属性页，如图 2-2-23 所

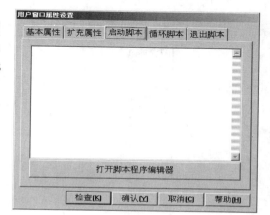

图 2-2-21　用户窗口启动脚本

示。单击"打开脚本程序编辑器"按钮，可以编写脚本程序控制该用户窗口关闭时需要完成的操作任务。

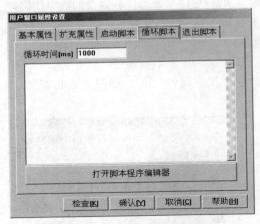

图 2-2-22　用户窗口循环脚本

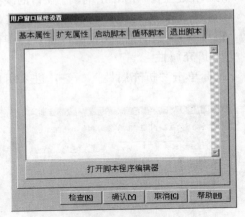

图 2-2-23　用户窗口退出脚本

（五）用户窗口的属性和方法

为了在工程的运行过程中能够方便灵活地改变用户窗口的属性和状态，设置了用户窗口的属性和方法，以备用户在实际组态过程中设置使用，如图 2-2-24 所示。这样在脚本程序中。使用操作符"."，可以在脚本程序或使用表达式的地方，调用户窗口对象相应的属性和方法。例如：窗口 0.Left 可以取得窗口 0 的左边界的当前坐标值；窗口 0.OpenSubWnd 则可以打开用户窗口 0 的子窗口。

1. 用户窗口的属性

（1）Name：窗口的名字。字符型。

（2）Visible：窗口的可见度。数值型。

（3）Caption：窗口标题。字符型。

2. 用户窗口的方法

用户窗口的方法如图 2-2-25 所示。

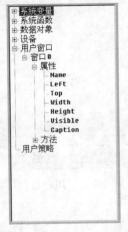

图 2-2-24　用户窗口属性

图 2-2-25　用户窗口属性图示

（1）Open：打开窗口。

返回值：数值型，＝0 为操作成功，＜＞0 为操作失败。

（2）Close：关闭窗口。

返回值：数值型，＝0 为操作成功，＜＞0 为操作失败。

（3）Hide：隐藏窗口。

返回值：数值型，＝0 为操作成功，＜＞0 为操作失败。

（4）Print：打印窗口。

返回值：数值型，＝0 为操作成功，＜＞0 为操作失败。

（5）Refresh：刷新窗口。

返回值：数值型，＝0 为操作成功，＜＞0 为操作失败。

（6）BringToTop：将窗口显示到屏幕的最上层。

返回值：数值型，＝0 为操作成功，＜＞0 为操作失败。

此函数在嵌入版本中暂时不具备功能。

（7）OpenSubWnd：显示子窗口。

返回值：字符型，如成功就返回子窗口 n，n 表示打开的第 n 个子窗口。

① 参数 1：用户窗口名。

② 参数 2：数值型，打开子窗口相对于本窗口的 X 坐标。

③ 参数 3：数值型，打开子窗口相对于本窗口的 Y 坐标。

④ 参数 4：数值型，打开子窗口的宽度。

⑤ 参数 5：数值型，打开子窗口的高度。

⑥ 参数 6：数值型，打开子窗口的类型。参数 6 是一个 32 位的二进制数。

其中第 0 位：是否模式打开，使用此功能，必须在此窗口中使用 CloseSubWnd 来关闭本子窗口，子窗口外别的构件对鼠标操作不响应；

1 位：是否菜单模式，使用此功能，一旦在子窗口之外按下按钮，则子窗口关闭；

2 位：是否显示水平滚动条，使用此功能，可以显示水平滚动条；

3 位：是否垂直显示滚动条，使用此功能，可以显示垂直滚动条；

4 位：是否显示边框，选择此功能，在子窗口周围显示细黑线边框；

5 位：是否自动跟踪显示子窗口，选择此功能，在当前鼠标位置上显示子窗口，此功能用于鼠标打开的子窗口，选用此功能则忽略 iLeft，iTop 的值，如果此时鼠标位于窗口之外，则在窗口对中显示子窗口；

6 位：是否自动调整子窗口的宽度和高度为缺省值，使用此功能则忽略 iWidth 和 iHeight 的值。

3. 子窗口的关闭办法

① 使用关闭窗口直接关闭，则把整个系统中使用到的此子窗口完全关闭；

② 使用方法 CloseSubWnd 将指定窗口关闭，此时只能关闭此窗口下的子窗口。

CloseSubWnd：关闭子窗口。

返回值：浮点型，＝1 为操作成功，＜＞0 为操作失败。

参数：子窗口的名字。

CloseAllSubWnd：关闭窗口中的所有子窗口。

返回值：数值型，＝0 为操作成功，＜＞0 为操作失败。

（六）创建图形对象

定义了用户窗口并完成属性设置后，就开始在用户窗口内使用系统提供的工具箱中的各种工具，创建图形对象，制作漂亮的图形界面了。

1. 工具箱介绍

在工作台的用户窗口页中，鼠标双击指定的用户窗口图标，或者选中用户窗口图标后，单击"动画组态"按钮，一个空白的用户窗口就打开了。

在用户窗口中创建图形对象之前，需要从工具箱中选取需要的图形构件，进行图形对象的创建工作。MCGS嵌入版提供了两个工具箱：放置图元和动画构件的绘图工具箱和常用图符工具箱。从这两个工具箱中选取所需的构件或图符，在用户窗口内进行组合，就构成用户窗口的各种图形界面。

鼠标单击工具条中的"工具箱"按钮，则打开了放置图元和动画构件的绘图工具箱。其中第2～9个的图标对应于8个常用的图元对象，后面的28个图标对应于系统提供的16个动画构件。

图标 对应于选择器，用于在编辑图形时选取用户窗口中指定的图形对象；

图标 用于从对象元件库中读取存盘的图形对象；

图标 用于把当前用户窗口中选中的图形对象存入对象元件库中；

图标 用于打开和关闭常用图符工具箱，常用图符工具箱包括系统提供的27个图符对象。

在工具箱中选中所需要的图元、图符或者动画构件，利用鼠标在用户窗口中拖拽出一定大小的图形，就创建了一个图形对象。

用系统提供的图元和图符，画出新的图形，选中该图形，单击右键执行"排列"菜单中的"构成图符"命令，构成新的图符，可以将新的图形组合为一个整体使用。如果要修改新建的图符或者取消新图符的组合，执行"排列"菜单中的"分解图符"命令，可以把新建的图符分解为组成它的图元和图符。

2. 创建图形对象的方法

在用户窗口内创建图形对象的过程，就是从工具箱中选取所需的图形对象，绘制新的图形对象的过程。除此之外，还可以采取复制、剪贴、从元件库中读取图形对象等方法，加快创建图形对象的速度，使图形界面更加漂亮。

3. 绘制图形对象

在用户窗口中绘制一个图形对象，实际上是将工具箱内的图符或构件放置到用户窗口中，组成新的图形。操作方法如下。

打开工具箱，鼠标单击选中所要绘制的图元、图符或动画构件。之后把鼠标移到用户窗口内，此时鼠标光标变为十字形，按下鼠标左键不放，在窗口内拖动鼠标到适当的位置，然后松开鼠标左键，则在该位置建立了所需的图形，此时鼠标光标恢复为箭头形状。

当绘制折线或者多边形时，在工具箱中选中折线图元按钮，将鼠标移到用户窗口编辑区，先将十字光标放置在折线的起始点位置，单击鼠标，再移动到第二点位置，单击鼠标，如此进行直到最后一点位置时，双击鼠标，完成折线的绘制。如果最后一点和起始点的位置相同，则折线闭合成多边形。多边形是一封闭的图形，其内部可以填充颜色。

4. 复制对象

复制对象是将用户窗口内已有的图形对象拷贝到指定的位置，原图形仍保留，这样可以加快图形的绘制速度，操作步骤如下。

鼠标单击用户窗口内要复制的图形对象，选中（或激活）后，执行"编辑"菜单中"拷贝"命令，或者按快捷键"Ctrl＋C"，然后，执行"编辑"菜单中"粘贴"命令，或者按快捷键"Ctrl＋V"，就会复制出一个新的图形，连续"粘贴"，可复制出多个图形。图形复制完毕，用鼠标拖动到用户窗口中所需的位置。

也可以采用拖拽法复制图形。先激活要复制的图形对象，按下"Ctrl"键不放，鼠标指针指向要复制的图形对象，按住左键移动鼠标，到指定的位置抬起左键和"Ctrl"键，即可完成图形的复制工作。

5. 剪贴对象

剪贴对象是将用户窗口中选中的图形对象剪下，然后放置到其他指定位置，具体操作如下。

首先选中需要剪贴的图形对象，执行"编辑"菜单中的"剪切"命令，或者按快捷键"Ctrl＋X"，接着执行"编辑"菜单中的"粘贴"命令，或者按快捷键"Ctrl＋V"，弹出所选图形，移动鼠标，将它放到新的位置。

6. 操作对象元件库

MCGS嵌入版设置了称为对象元件库的图形库，用来解决组态结果的重新利用问题。在使用本系统的过程中，把常用的、制作完好的图形对象甚至整个用户窗口存入对象元件库中，需要时，再从元件库中取出来直接使用。从元件库中读取图形对象的操作方法如下。

鼠标单击工具箱中的图标，弹出"对象元件库管理"窗口，选中对象类型后，从相应的元件列表中选择所要的图形对象，单击"确认"按钮，即可将该图形对象放置在用户窗口中。

当需要把制作完好的图形对象插入到对象元件库中时，先选中所要插入的图形对象，图标激活，鼠标单击该图标，弹出"把选定的图形保存到对象元件库？"对话框，单击"确定"按钮，弹出"对象元件库管理"窗口，缺省的对象名为"新图形"，拖动鼠标到指定位置，抬起鼠标，同时还可以对新放置的图形对象进行修改名字、位置移动等操作，单击"确认"按钮，则把新的图形对象存入到对象元件库中。

（七）编辑图形对象

在用户窗口内完成图形对象的创建之后，可对图形对象进行各种编辑工作。MCGS嵌入版提供了一套完善的编辑工具，使用户能快速制作各种复杂的图形界面，以清晰美观的图形表示外部物理对象。

1. 对象的选取

在对图形对象进行编辑操作之前，首先要选择被编辑的图形对象，选择的方法如下。

（1）打开工具箱，鼠标单击工具箱中的"选择器"图标，此时鼠标变为箭头光标。然后用鼠标在用户窗口内指定的图形对象上单击一下，在该对象周围显示多个小方块（称为拖拽手柄），即表示该图形对象被选中。

（2）按"Tab"键，可依次在所有图形对象周围显示选中的标志，由用户最终选定。

（3）鼠标单击"选择器"图标，然后按住鼠标左键，从某一位置开始拖动鼠标，画出一个虚线矩形，进入矩形框内的所有图形对象即为选中的对象，松开鼠标左键，则在这些图形对象周围显示选中的标志。

（4）按住"Shift"键不放，鼠标逐个单击图形对象，可完成多个图形对象的选取。

2. 当前对象的概念

用户窗口内带有选中标志（手柄）的图形对象，称为当前对象。当有多个图形对象被选中时，手柄为黑色的图形对象为当前对象，此时，若用鼠标单击已选中的某一图形对象，则此对象变为当前对象。所有的编辑操作都是针对当前对象进行的，若用户窗口内没有指定当前对象，将会有一些编辑操作指令不能使用。

3. 图形对象的大小和位置调整

可以用如下方法来改变一个图形对象的大小和位置。

（1）鼠标拖动，改变位置：鼠标指针指向选中的图形对象，按住鼠标左键不放，把选中的对象移动到指定的位置，抬起鼠标，完成图形对象位置的移动。

（2）鼠标拖拉，改变形状大小：当只有一个选中的图形对象时，把鼠标指针移到手柄处，等指针形状变为双向箭头后，按住鼠标左键不放，向相应的方向拖拉鼠标，即可改变图形对象的大小和形状。

（3）使用键盘上的光标移动键，改变位置：按动键盘上的上、下、左、右光标移动键（"↑"、"↓"、"←"、"→"），可把选中的图形对象向相应的方向移动。按动一次只移动一个点，连续按动，移到指定位置。

（4）使用键盘上的"Shift"键和光标移动键，改变大小：按下"Shift"键的同时，按键盘上的上、下光标键，可把选中的图形对象的高度增加或减少，按动一次只改变一个点的大小，连续按动可调整到适当的高度。

4. 多个图形对象的相对位置和大小调整

当选中多个图形对象时，可以把当前对象作为基准，使用工具条上的功能按钮，或执行"排列"菜单中"对齐"菜单项的有关命令，对被选中的多个图形对象进行相对位置和大小关系调整，包括排列对齐、中心点对齐以及等高、等宽等一系列操作：

（1）单击 ⊞ 按钮（或菜单"左对齐"命令），左边界对齐；

（2）单击 ⊞ 按钮（或菜单"右对齐"命令），右边界对齐；

（3）单击 ⊞ 按钮（或菜单"上对齐"命令），顶边界对齐；

（4）单击 ⊞ 按钮（或菜单"下对齐"命令），底边界对齐；

（5）单击 ⊞ 按钮（或菜单"中心对中"命令），所有选中对象的中心点重合；

（6）单击 ⊞ 按钮（或菜单"横向对中"命令），所有选中对象的中心点 X 坐标相等；

（7）单击 ⊞ 按钮（或菜单"纵向对中"命令），所有选中对象的中心点 Y 坐标相等；

（8）单击 ⊞ 按钮（或菜单"图元等高"命令），所有选中对象的高度相等；

（9）单击 ⊞ 按钮（或菜单"图元等宽"命令），所有选中对象的宽度相等；

（10）单击 ⊞ 按钮（或菜单"图元等高宽"命令），所有选中对象的高度和宽度相等。

5. 多个图形对象的等距分布

当所选中的图形对象多于三个时，可用工具条上的功能按钮，对被选中的图形对象进行等距离分布排列：

（1）单击 ⊞ 按钮（或菜单"横向等间距"命令），被选中的多个图形对象沿 X 方向等距离分布；

（2）单击 ⊞ 按钮（或菜单"纵向等间距"命令），被选中的多个图形对象沿 Y 方向等距离分布。

6. 图形对象的方位调整

单击工具条中的功能按钮，或执行菜单"排列"中的"旋转"菜单项的各项命令，可以将选中的图形对象旋转 90 度或翻转一个方向。

（1）单击 ⊞ 按钮（或菜单"左旋 90 度"命令），把被选中的图形对象左旋 90 度；

（2）单击 ⊞ 按钮（或菜单"右旋 90 度"命令），把被选中的图形对象右旋 90 度；

（3）单击 ⬕ 按钮（或菜单"左右镜像"命令），把被选中的图形对象沿 X 方向翻转；

（4）单击 ◀ 按钮（或菜单"上下镜像"命令），把被选中的图形对象沿 Y 方向翻转。

7. 图形对象的层次排列

单击工具条中的功能按钮，或执行菜单"排列"中的层次移动命令，可对多个重合排列的图形对象的前后位置（层次）进行调整：

（1）单击 ⬚ 按钮（或菜单"最前面"命令），把被选中的图形对象放在所有对象前；

（2）单击 ⬚ 按钮（或菜单"最后面"命令），把被选中的图形对象放在所有对象后；

（3）单击 ⬚ 按钮（或菜单"前一层"命令），把被选中的图形对象向前移一层；

（4）单击 ⬚ 按钮（或菜单"后一层"命令），把被选中的图形对象向后移一层。

8. 对象的锁定与解锁

锁定一个图形对象，可以固定对象的位置和大小，使用户不能对其进行移动和修改，避免编辑时，因误操作而破坏组态完好的图形。

单击 🔒 按钮，或执行"排列"菜单中的"锁定"命令，可以锁定或解锁所选中的图形对象，当一个图形对象处于锁定状态时，选中该对象时出现的手柄是多个较小的矩形。

9. 图形对象的组合与分解

通过对一个或一组图形对象的分解与重新组合，可以生成一个新的组合图符，从而形成一个比较复杂的可以按比例缩放的图形元素。

（1）单击 ⬚ 按钮，或执行"排列"菜单中的"构成图符"命令，可以把选中的图形对象生成一个组合图符；

（2）单击 ⬚ 按钮，或执行"排列"菜单中的"分解图符"命令，可以把一个组合图符分解为原先的一组图形对象。

10. 对象的固化与激活

当一个图形对象被固化后，用户就不能选中它，从而也不能对其进行各种编辑工作。在组态过程中，一般把作为背景用途的图形对象加以固化，以免影响其他图形对象的编辑工作。

单击 ⬚ 按钮，或执行"排列"菜单中的"固化"命令，可以固化所选中的图形对象。执行菜单栏"排列\激活"命令，或用鼠标双击固化的图形对象，可以将固化的图形对象激活。

（八）图形对象的属性

MCGS 嵌入版系统提供的图形对象分为图元、图符和动画构件三种类型，其中动画构件是作为一个独立的整体而存在的，每一个动画构件都完成一个特定的动画功能，其对应的属性也各不相同，在《MCGS 嵌入版参考手册》中对每一个动画构件的属性有详细的描述。

图元和图符对象的属性分为静态属性和动画属性两个部分，静态属性包括填充颜色、边线颜色、字符颜色和字符字体四种，其中，只有"标签"图元对象才有字符颜色和字符字体属性。图元和图符对象的动画属性是用来定义其动画方法和动画效果的，下一节中将对这些属性进行详细地介绍。

（九）定义动画连接

前面介绍了在用户窗口中图形对象的创建和编辑方法，可以用系统提供的各种图形对象生成漂亮的图形界面，下面介绍对图形对象的动画属性进行定义的各种方法，使得图形界面"动"起来。

1. 图形动画的实现

到现在为止，由图形对象搭制而成的图形界面是静止的，需要对这些图形对象进行动画属性设置，使它们"动"起来，真实地描述外界对象的状态变化，达到过程实时监控的目的。

MCGS 嵌入版实现图形动画设计的主要方法是将用户窗口中的图形对象与实时数据库中的数据对象建立相关性连接，并设置相应的动画属性，这样在系统运行过程中，图形对象的外观和状态特征，就会由数据对象的实时采集结果进行驱动，从而实现图形的动画效果，使图形界面"动"起来。

用户窗口中的图形界面是由系统提供的图元、图符及动画构件等图形对象搭制而成的，动画构件是作为一个独立的整体供选用的，每一个动画构件都具有特定的动画功能，一般说来，动画构件用来完成图元和图符对象所不能完成或难以完成的、比较复杂的动画功能，而图元和图符对象可以作为基本图形元素，便于用户自由组态配置，来完成动画构件中所没有的动画功能。

2. 动画连接

所谓动画连接，实际上是将用户窗口内创建的图形对象与实时数据库中定义的数据对象建立起对应的关系，在不同的数值区间内设置不同的图形状态属性（如颜色、大小、位置移动、可见度、闪烁效果等），将物理对象的特征参数以动画图形方式来进行描述，这样在系统运行过程中，用数据对象的值来驱动图形对象的状态改变，进而产生形象逼真的动画效果。

对系统提供的动画构件的动画连接方法在《MCGS 嵌入版用户参考手册》中有详细说明，这里只介绍图元、图符对象的动画连接方法，如图 2-2-26 所示，图元、图符对象所包含的动画连接方式有 4 类共 11 种。

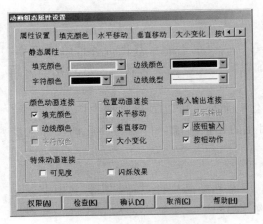

图 2-2-26　动画组态属性设置

（1）颜色动画连接

① 填充颜色。

② 边线颜色。

（2）位置动画连接

① 水平移动。

② 垂直移动。

③ 大小变化。

（3）输入输出连接

① 按钮输入。

② 按钮动作

（4）特殊动画连接

① 可见度。

② 闪烁效果。

一个图元、图符对象可以同时定义多种动画连接，由图元、图符组合而成的图形对象，最终的动画效果是多种动画连接方式的组合效果。根据实际需要，灵活地对图形对象定义动画连接，就可以呈现出各种逼真的动画效果来。

建立动画连接的操作步骤如下。

（1）鼠标双击图元、图符对象，弹出"动画组态属性设置"对话框。

（2）对话框上端用于设置图形对象的静态属性，下面四个方框所列内容用于设置图元、图符对象的动画属性。上图中定义了填充颜色、水平移动、垂直移动三种动画连接，实际运行时，对应的图形对象会呈现出在移动的过程中填充颜色同时发生变化的动画效果。

（3）每种动画连接都对应于一个属性窗口页，当选择了某种动画属性时，在对话框上端就增添相应的窗口标签，用鼠标单击窗口标签，即可弹出相应的属性设置窗口。

（4）在表达式名称栏内输入所要连接的数据对象名称。也可以用鼠标单击右端带"**?**"号图标的按钮，弹出数据对象列表框，鼠标双击所需的数据对象，则把该对象名称自动输入表达式一栏内。

（5）设置有关的属性。

（6）单击"检查"按钮，进行正确性检查。检查通过后，单击"确认"按钮，完成动画连接。

3. 颜色动画连接

颜色动画连接，就是指将图形对象的颜色属性与数据对象的值建立相关性关系，使图元、图符对象的颜色属性随数据对象值的变化而变化，用这种方式实现颜色不断变化的动画效果。

颜色属性包括填充颜色、边线颜色和字符颜色三种，只有"标签"图元对象才有字符颜色动画连接。对于"位图"图元对象，无须定义颜色动画连接。

如图 2-2-27 所示的设置，定义了图形对象的填充颜色和数据对象"Data0"之间的动画连接运行后，图形对象的颜色随 Data0 的值的变化情况如下：

（1）当 Data0 小于 0 时，对应的图形对象的填充颜色为黑色；

（2）当 Data0 在 0 和 10 之间时，对应图形对象的填充颜色为蓝色；

（3）当 Data0 在 10 和 20 之间时，对应图形对象的填充颜色为粉红色；

（4）当 Data0 在 20 和 30 之间时，对应图形对象的填充颜色为大红色；

（5）当 Data0 大于 30 时，对应图形对象的填充颜色为深灰色。

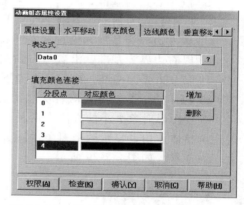

图 2-2-27　动画组态属性设置——填充颜色

图形对象的填充颜色由数据对象 Data0 的值来控制，或者说是用图形对象的填充颜色来表示对应数据对象的值的范围。

与填充颜色连接的表达式可以是一个变量，用变量的值来决定图形对象的填充颜色。当变量的值为数值型时，最多可以定义 32 个分段点，每个分段点对应一种颜色；当变量的值为开关型时，只能定义两个分段点，即 0 或非 0 两种不同的填充颜色。

在图 2-2-27 所示的属性设置窗口中，还可以进行如下操作：

（1）单击"增加"按钮，增加一个新的分段点；

（2）单击"删除"按钮，删除指定的分段点；

（3）用鼠标双击分段点的值，可以设置分段点数值；

（4）用鼠标双击颜色栏，弹出色标列表框，可以设定图形对象的填充颜色。边线颜色和字符颜色的动画连接与填充颜色动画连接相同。

4. 位置动画连接

位置动画连接包括图形对象的水平移动、垂直移动和大小变化三种属性，通过设置这三个属性使图形对象的位置和大小随数据对象值的变化而变化。用户只要控制数据对象值的大小和值的变化速度，就能精确地控制所对应图形对象的大小、位置及其变化速度。

用户可以定义一种或多种动画连接，图形对象的最终动画效果是多种动画属性的合成效果。例如，同时定义水平移动和垂直移动两种动画连接，可以使图形对象沿着一条特定的曲线轨迹运动，假如再定义大小变化的动画连接，就可以使图形对象在做曲线运动的过程中同时改变其大小。

① 平行移动。平行移动的方向包含水平和垂直两个方向，其动画连接的方法相同，如图 2-2-28 所示。首先要确定对应连接对象的表达式，然后定义表达式的值所对应的位置偏移量。以图中的组态设置为例，当表达式 Data0 的值为 0 时，图形对象的位置向右移动 0 点（即不动），当表达式 Data0 的值为 100 时，图形对象的位置向右移动 100 点，当表达式 Data0 的值为其他值时，利用线性插值公式即可计算出相应的移动位置。

② 大小变化。图形对象的大小变化是以百分比的形式来衡量的，把组态时图形对象的初始大小作为基准（100％即为图形对象的初始大小）。在 MCGS 嵌入版中，图形对象大小变化方式有如下 7 种：

a. 以中心点为基准，沿 X 方向和 Y 方向同时变化；

b. 以中心点为基准，只沿 X（左右）方向变化；

c. 以中心点为基准，只沿 Y（上下）方向变化；

d. 以左边界为基准，沿着从左到右的方向发生变化；

e. 以右边界为基准，沿着从右到左的方向发生变化；

f. 以上边界为基准，沿着从上到下的方向发生变化；

g. 以下边界为基准，沿着从下到上的方向发生变化。

改变图形对象大小的方法有两种，一是按比例整体缩小或放大，称为缩放方式；二是按比例整体剪切，显示图形对象的一部分，称为剪切方式。两种方式都以图形对象的实际大小为基准。如图 2-2-29 所示。

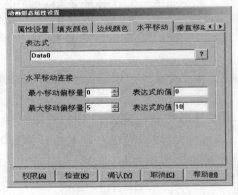

图 2-2-28   动画组态属性设置——水平移动

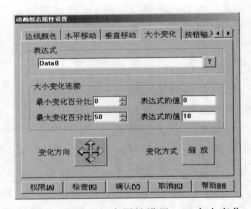

图 2-2-29   动画组态属性设置——大小变化

当表达式 Data0 的值小于等于 0 时，最小变化百分比设为 0，即图形对象的大小为初始大小的 0％，此时，图形对象实际上是不可见的；当表达式 Data0 的值大于等于 100 时，最大变化百分比设为 100％，则图形对象的大小与初始大小相同。不管表达式的值如何变化，图形对象的大小都在最小变化百分比与最大变化百分比之间变化。

在缩放方式下，是对图形对象的整体按比例缩小或放大，来实现大小变化的。当图形对象的变化百分比大于 100％时，图形对象的实际大小是初始状态放大的结果，当小于

100％时，是初始状态缩小的结果。

在剪切方式下，不改变图形对象的实际大小，只按设定的比例对图形对象进行剪切处理，显示整体的一部分。变化百分比等于或大于100％，则把图形对象全部显示出来。采用剪切方式改变图形对象的大小，可以模拟容器填充物料的动态过程，具体步骤是：首先制作两个同样的图形对象，完全重叠在一起，使其看起来像一个图形对象；将前后两层的图形对象设置不同的背景颜色；定义前一层图形对象的大小变化动画连接，变化方式设为剪切方式。实际运行时，前一层图形对象的大小按剪切方式发生变化，只显示一部分，而另一部分显示的是后一层图形对象的背景颜色，前后层图形对象视为一个整体，从视觉上如同一个容器内物料按百分比填充，获得逼真的动画效果。

5. 输入输出连接

为使图形对象能够用于数据显示，并且使操作人员对系统方便操作，更好地实现人机交互功能，系统增加了设置输入输出属性的动画连接方式。设置输入输出连接方式从显示输出、按钮输入和按钮动作三个方面去着手，实现动画连接，体现友好的人机交互方式。

① 显示输出连接只用于"标签"图元对象，显示数据对象的数值；

② 按钮输入连接用于输入数据对象的数值；

③ 按钮动作连接用于响应来自鼠标或键盘的操作，执行特定的功能。

在设置属性时，在"动画组态属性设置"对话框内，从"输入输出连接"栏目中选定一种，进入相应的属性窗口页进行设置。

① 按钮输入。采用按钮输入方式使图形对象具有输入功能，在系统运行时，当用户单击设定的图形对象时，将弹出输入窗口，输入与图形建立连接关系的数据对象的值。所有的图元、图符对象都可以建立按钮输入动画连接，在"动画组态属性设置"对话框内，从"输入输出连接"栏目中选定"按钮输入"一栏，进入"按钮输入"属性设置窗口页，如图2-2-30所示。

如果图元、图符对象定义了按钮输入方式的动画连接，在运行过程中，当鼠标移动到该对象上面时，光标的形状由"箭头"形变成"手掌"状，此时再单击鼠标左键，则弹出输入对话框，对话框的形式由数据对象的类型决定。

在图2-2-30中，与图元、图符对象连接的是数值型数据对象Data2，输入值的范围在0～200之间，并设置功能键"F2"为快捷键。

当进入运行状态时，用鼠标单击对应图元、图符对象，弹出如图2-2-31所示的输入对话框，通过单击 ≫ 弹出特殊字符和小写字母键盘。

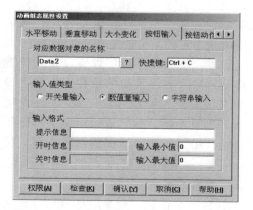

图 2-2-30　动画组态属性设置——按钮输入　　　图 2-2-31　动画组态属性设置——文字输入

当数据对象的类型为开关型时，如在提示信息一栏设置为"请选择1♯电机的工作状态"，"开时信息"一栏设置："打开1♯电机"；"关时信息"一栏设置："关闭1♯电机"，则运行时弹出如图 2-2-32 所示的输入对话框。

对字符型数据对象，例如提示信息为"请输入字符数据对象 Message 的值："，则运行时弹出图 2-2-33 所示的输入对话框。

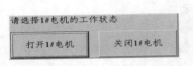

图 2-2-32 动画组态属性设置——弹出对话框

图 2-2-33 动画组态属性设置——运行弹出对话框

② 按钮动作。按钮动作的方式不同于按钮输入，后者是在鼠标到达图形对象上时，单击鼠标进行信息输入，而按钮动作则是响应用户的鼠标按键动作或键盘按键动作，完成预定的功能操作。这些功能操作包括：

a. 执行运行策略中指定的策略块；

b. 打开指定的用户窗口，若该窗口已经打开，则激活该窗口并使其处于最前层；

c. 关闭指定的用户窗口，若该窗口已经关闭，则不进行此项操作；

d. 把指定的数据对象的值设置成 1，只对开关型和数值型数据对象有效；

e. 把指定的数据对象的值设置成 0，只对开关型和数值型数据对象有效；

f. 把指定的数据对象的值取反（非 0 变成 0，0 变成 1），只对开关型和数值型数据对象有效；

g. 退出系统，停止 MCGS 嵌入版系统的运行，返回到操作系统。

在"动画组态属性设置"对话框内，从"输入输出连接"栏目中选定"按钮动作"一栏，进入"按钮动作"属性设置窗口页，在该窗口的"指定按钮动作完成的功能"栏目内，列出了上述 7 项功能操作，供用户选择设定，如图 2-2-34 所示。

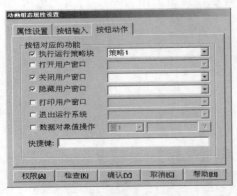

图 2-2-34 动画组态属性设置—按钮动作

例如，对同一个用户窗口同时选中执行打开和关闭操作，该窗口的最终状态是不定的，可能处于打开状态，也可能处于关闭状态；再如，对同一个数据对象同时完成置 1、置 0 和取反操作，该数据对象最后的值是不定的，可能是 0，也可能是 1。

系统运行时，按钮动作也可以通过预先设置的快捷键来启动。MCGS 嵌入版的快捷键一般可设置"F1"～"F12"功能键，也可以设置"Ctrl"键与"F1"～"F12"功能键、数字键、英文字母键组合而成的复合键。组态时，激活快捷键输入框，按下选定的快捷键即可完成快捷键的设置。

在数据对象值"置 0"、"置 1"和"取反"三个输入栏的右端，均有一带"?"号图标的按钮，用鼠标单击该按钮，则显示所有已经定义的数据对象列表，鼠标双击指定的数据对象，则把该对象的名称自动输入到设置栏内。

6. 特殊动画连接

在 MCGS 嵌入版中，特殊动画连接包括可见度和闪烁效果两种方式，用于实现图元、图符对象的可见与不可见交替变换和图形闪烁效果，图形的可见度变换也是闪烁动画的一种。MCGS 嵌入版中每一个图元、图符对象都可以定义特殊动画连接的方式。

① 可见度连接。可见度连接的属性窗口页如图 2-2-35 所示，在"表达式"栏中，将图元、图符对象的可见度和数据对象（或者由数据对象构成的表达式）建立连接，而在"当表达式非零时"的选项栏中，来根据表达式的结果来选择图形对象的可见度方式。如图中的设置方式，将图形对象和数据对象 Data1 建立了连接，当 Data1 的值为 1 时，指定的图形对象在用户窗口中显示出来，当 Data1 的值为 0 时，图形对象消失，处于不可见状态。

通过这样的设置，就可以利用数据对象（或者表达式）值的变化，来控制图形对象的可见状态。

② 闪烁效果连接。在 MCGS 嵌入版中，实现闪烁的动画效果有两种方法，一种是不断改变图元、图符对象的可见度来实现闪烁效果，而另一种是不断改变图元、图符对象的填充颜色、边线颜色或者字符颜色来实现闪烁效果，属性设置方式如图 2-2-36 所示。

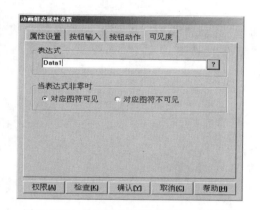
图 2-2-35　动画组态属性设置——可见度

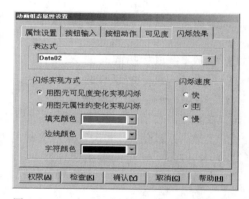
图 2-2-36　动画组态属性设置——闪烁效果

在这里，图形对象的闪烁速度是可以调节的，MCGS 嵌入版给出了快速、中速和慢速等三挡的闪烁速度来供调节。

闪烁属性设置完毕，在系统运行状态下，当所连接的数据对象（或者由数据对象构成的表达式）的值为非 0 时，图形对象就以设定的速度开始闪烁，而当表达式的值为 0 时，图形对象就停止闪烁。

（十）用户窗口的事件

在 MCGS 嵌入版组态软件中，用户窗口支持事件的概念。所谓事件，就是当用户在窗口中进行某些操作时，用户窗口会根据用户不同的操作进行相应的处理。例如，当用户在窗口中用鼠标单击窗口时，就会触发用户窗口的 Click 事件，同时执行在 Click 事件中定义的一系列操作。

MCGS 嵌入版用户窗口包括如下的一些事件：

（1）Click：当鼠标单击时触发。

（2）DBLClick：当鼠标左键双击时触发。

（3）DBRClick：当鼠标右键双击时触发。

（4）MouseDown：鼠标按下

① 参数 1：鼠标按下时的鼠标按键信息，为 1 时，表示左键按下，为 2 时，表示右键

按下，为 4 时，表示中键按下。

② 参数 2：鼠标按下时的键盘信息，为 1 时，表示 "Shift" 键按下，为 2 时，表示 "Ctrl" 键按下，为 4 时，表示 "Alt" 键按下。

③ 参数 3：鼠标按下时的 X 坐标。

④ 参数 4：鼠标按下时的 Y 坐标。

（5）MouseMove：鼠标移动。

① 参数 1：鼠标移动时的鼠标按键信息，为 1 时，表示左键按下，为 2 时，表示右键按下，为 4 时，表示中键按下。

② 参数 2：鼠标移动时的键盘信息，为 1 时，表示 "Shift" 键按下，为 2 时，表示 "Ctrl" 键按下，为 4 时，表示 "Alt" 键按下。

③ 参数 3：鼠标的 X 坐标。

④ 参数 4：鼠标的 Y 坐标。

（6）MouseUp：鼠标抬起。

① 参数 1：鼠标抬起时的鼠标按键信息，为 1 时，表示左键按下，为 2 时，表示右键按下，为 4 时，表示中键按下。

② 参数 2：鼠标抬起时的键盘信息，为 1 时，表示 "Shift" 键按下，为 2 时，表示 "Ctrl" 键按下，为 4 时，表示 "Alt" 键按下。

③ 参数 3：鼠标抬起时的 X 坐标。

④ 参数 4：鼠标抬起时的 Y 坐标。

（7）KeyDown：按下键盘按键。

① 参数 1：数值型，按下按键的 ASCII 码。

② 参数 2：数值型，0~7 位是按键的扫描码。

（8）KeyUp：键盘按键抬起。

① 参数 1：数值型，按下按键的 ASCII 码。

② 参数 2：数值型，0~7 位是按键的扫描码。

（9）Load：窗口装载。

（10）Unload：窗口关闭。

以在用户窗口中单击鼠标左键弹出子对话框这个实例，说明用户窗口事件的应用。关于子对话框请参阅前面用户窗口的类型的相关内容，在用户窗口中打开编辑下拉菜单选中事件菜单，或者在用户窗口单击鼠标右键弹出右键菜单选中事件，就会弹出事件组态对话框。如图 2-2-37 所示。

如果选中 Click 事件，就会在 Click 对应的行左边出现 ... 标签，鼠标左键单击 ... 标签，会弹出如图 2-2-38 所示的对话框。

单击事件连接脚本弹出如图 2-2-39 所示的脚本程序编辑框，可以直接在编辑框内输入 OpenSubWnd（子窗口，150，200，100，100，0），或者打开右边 "用户窗口"，选中要加入子窗口的用户窗口，打开 "方法"，选中 OpenSubWnd（）方法双击。这样在工程运行时在选中的用户窗口内，单击鼠标左键时就会弹出如图 2-2-39 所示的子窗口。关于方法

图 2-2-37 事件组态

图 2-2-38　事件参数连接组态

OpenSubWnd（）用法请参阅前面用户窗口属性方法的相关内容。

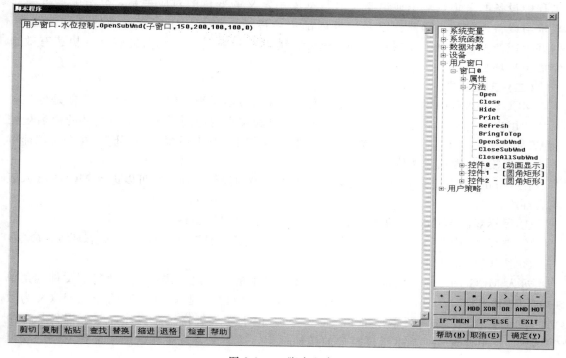

图 2-2-39　脚本程序

三、触摸屏组态过程

使用 MCGS 嵌入版完成一个实际的应用系统，首先必须在 MCGS 嵌入版的组态环境下进行系统的组态生成工作，然后将系统放在 MCGS 嵌入版的运行环境下运行。本部分逐步介绍在 MCGS 嵌入版组态环境下构造一个用户应用系统的过程，以便对 MCGS 嵌入版系统的组态过程有一个全面的了解和认识。这些过程包括：

① 工程整体规划；

② 工程建立；

③ 构造实时数据库；

④ 组态用户窗口；

⑤ 组态主控窗口；

⑥ 组态设备窗口；

⑦ 组态运行策略；

⑧ 组态结果检查；

⑨ 工程测试。

（一）工程整体规划

在实际工程项目中，使用 MCGS 嵌入版构造应用系统之前，应进行工程的整体规划，保证项目的顺利实施。

对工程设计人员来说，首先要了解整个工程的系统构成和工艺流程，清楚监控对象的特征，明确主要的监控要求和技术要求等问题。在此基础上，拟定组建工程的总体规划和设想，主要包括系统应实现哪些功能，控制流程如何实现，需要什么样的用户窗口界面，实现何种动画效果以及如何在实时数据库中定义数据变量等环节，同时还要分析工程中设备的采集及输出通道与实时数据库中定义的变量的对应关系，分清哪些变量是要求与设备连接的，哪些变量是软件内部用来传递数据及用于实现动画的显示等问题。做好工程的整体规划，在项目的组态过程中能够尽量避免一些无谓的劳动，快速有效地完成工程项目。

（二）工程建立

MCGS 嵌入版中用"工程"来表示组态生成的应用系统，创建一个新工程就是创建一个新的用户应用系统，打开工程就是打开一个已经存在的应用系统。工程文件的命名规则和 Windows 系统相同，MCGS 嵌入版自动给工程文件名加上后缀"．MCE"。每个工程都对应一个组态结果数据库文件。

在 Windows 系统桌面上，通过以下三种方式中的任何一种，都可以进入 MCGS 嵌入版组态环境：

① 鼠标双击 Windows 桌面上的"MCGSE 组态环境"图标；

② 选择"开始"→"程序"→"MCGS 嵌入版组态软件"→"MCGSE 组态环境"命令；

③ 按快捷键"Ctrl ＋ Alt ＋ E"。

进入 MCGS 嵌入版组态环境后，单击工具条上的"新建"按钮，或执行"文件"菜单中的"新建工程"命令，系统自动创建一个名为"新建工程 X．MCE"的新工程（X 为数字，表示建立新工程的顺序，如 1、2、3 等）。由于尚未进行组态操作，新工程只是一个"空壳"，一个包含 5 个基本组成部分的结构框架，接下来要逐步在框架中配置不同的功能部件，构造完成特定任务的应用系统。

如图 2-2-40 所示，MCGS 嵌入版用"工作台"窗口来管理构成用户应用系统的 5 个部分，工作台上的 5 个标签：主控窗口、设备窗口、用户窗口、实时数据库和运行策略，对应于 5 个不同的窗口页面，每一个页面负责管理用户应用系统的一个部分，用鼠标单击不同的标签可选取不同窗口页面，对应用系统的相应部分进行组态操作。

在保存新工程时，可以随意更换工程文件的名称。缺省情况下，所有的工程文件都存放在 MCGS 嵌入版安装目录下的 Work 子目录里，用户也可以根据自身需要指定存放工程文件的目录。

（三）构造实时数据库

实时数据库是 MCGS 嵌入版系统的核心，也是应用系统的数据处理中心，系统各部分均以实时数据库为数据公用区，进行数据交换、数据处理和实现数据的可视化处理。

图 2-2-40　创建设备窗口

1. 定义数据对象

数据对象是实时数据库的基本单元。在 MCGS 嵌入版生成应用系统时，应对实际工程问题进行简化和抽象化处理，将代表工程特征的所有物理量，作为系统参数加以定义，定义中不只包含了数值类型，还包括参数的属性及其操作方法，这种把数值、属性和方法定义成一体的数据就称为数据对象。构造实时数据库的过程，就是定义数据对象的过程。在实际组态过程中，一般无法一次全部定义所需的数据对象，而是根据情况需要逐步增加。

MCGS 嵌入版中定义的数据对象的作用域是全局的，像通常意义的全局变量一样，数据对象的各个属性在整个运行过程中都保持有效，系统中的其他部分都能对实时数据库中的数据对象进行操作处理。

2. 定义数据对象

MCGS 嵌入版把数据对象的属性封装在对象内部，作为一个整体，由实时数据库统一管理。对象的属性包括基本属性、存盘属性和报警属性。基本属性则包含对象的名称、类型、初值、界限（最大最小）值、工程单位和对象内容注释等内容。

① 基本属性设置。鼠标单击"对象属性"按钮或双击对象名，显示"数据对象属性设置"对话框的"基本属性"窗口页，用户按所列项目分别设置。数据对象有开关型、数值型、字符型、事件型、组对象 5 种类型，在实际应用中，数字量的输入输出对应于开关型数据对象；模拟量的输入输出对应于数值型数据对象；字符型数据对象是记录文字信息的字符串；事件型数据对象用来表示某种特定事件的产生及相应时刻，如报警事件、开关量状态跳变事件；组对象用来表示一组特定数据对象的集合，以便于系统对该组数据统一处理。

② 存盘属性设置。MCGS 嵌入版把数据的存盘处理作为一种属性或者一种操作方法，封装在数据内部，作为整体处理。运行过程中，实时数据库自动完成数据存盘工作，用户不必考虑这些数据如何存储以及存储在什么地方。用户的存盘要求在存盘属性窗口页中设置，存盘方式只有一种：定时存盘。组对象以定时的方式来保存相关的一组数据，而非组对象存盘属性不可用。

③ 报警属性设置。在 MCGS 嵌入版中，报警被作为数据对象的属性，封装在数据对象内部，由实时数据库统一处理，用户只需按照报警属性窗口页中所列的项目正确设置，如数值量的报警界限值、开关量的报警状态等。运行时，由实时数据库自动判断有没有报警信息产生、什么时候产生、什么时候结束、什么时候应答，并通知系统的其他部分。也可根据用户的需要，实时存储和打印这些报警信息。

（四）组态用户窗口

MCGS 嵌入版以窗口为单位来组建应用系统的图形界面，创建用户窗口后，通过放置各种类型的图形对象，定义相应的属性，为用户提供漂亮、生动、具有多种风格和类型的动画画面。

1. 图形界面的生成

用户窗口本身是一个"容器"，用来放置各种图形对象（图元、图符和动画构件），不同的图形对象对应不同的功能。通过对用户窗口内多个图形对象的组态，生成漂亮的图形界面，为实现动画显示效果做准备。

生成图形界面的基本操作步骤：

① 创建用户窗口；

② 设置用户窗口属性；

③ 创建图形对象；

④ 编辑图形对象。

2. 创建用户窗口

选择组态环境工作台中的用户窗口页，所有的用户窗口均位于该窗口页内，如图 2-2-41 所示。

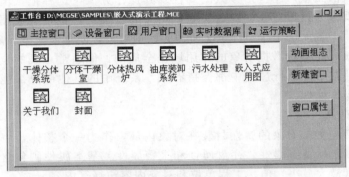

图 2-2-41　创建用户窗口

单击"新建窗口"按钮，或执行菜单中的"插入"→"用户窗口"命令，即可创建一个新的用户窗口，以图标形式显示，如"窗口 0"。开始时，新建的用户窗口只是一个空窗口，用户可以根据需要设置窗口的属性和在窗口内放置图形对象。

3. 设置用户窗口属性

选择待定义的用户窗口图标，单击鼠标右键选择属性，也可以单击工作台窗口中的"窗口属性"按钮，或者单击工具条中的"显示属性"按钮，或者操作快捷键"Alt＋Enter"，弹出"用户窗口属性设置"对话框，按所列款项设置有关属性。

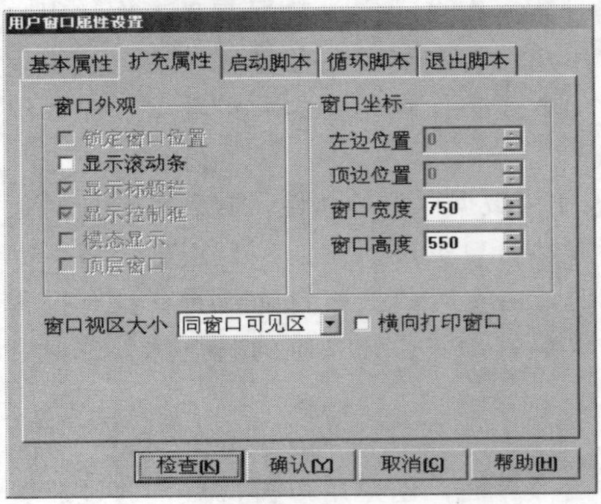

用户窗口的属性包括基本属性、扩充属性和脚本控制（启动脚本、循环脚本、退出脚本），由用户选择设置。

窗口的基本属性包括窗口名称、窗口标题、窗口背景、窗口位置、窗口边界等内容，其中窗口位置、窗口边界不可用。

窗口的扩充属性：鼠标单击"扩充属性"标签，进入用户窗口的扩充属性页，完成对窗口的位置进行精确定位。显示滚动条设置无效。如图 2-2-42 所示。

图 2-2-42　用户窗口扩充属性

　　在扩充属性中的"窗口视区"是指实际用户窗口可用的区域，在显示器屏幕上所见的区域称为可见区，一般情况下两者大小相同，但是可以把"窗口视区"设置成大于可见区，此时在用户窗口侧边附加滚动条，操作滚动条可以浏览用户窗口内所有图形。打印窗口时，按"窗口视区"的大小来打印窗口的内容。还可以选择打印方向是指按打印纸张的纵向打印还是按打印纸张的横向打印。

　　脚本控制包括启动脚本、循环脚本和退出脚本。启动脚本在用户窗口打开时执行脚本，循环脚本是在窗口打开期间以指定的间隔循环执行脚本，退出脚本则是在用户窗口关闭时执行。

　　4. 创建图形对象

　　MCGS嵌入版提供了三类图形对象供用户选用，即图元对象、图符对象和动画构件。这些图形对象位于常用符号工具箱和动画工具箱内，用户从工具箱中选择所需的图形对象，配置在用户窗口内，可以创建各种复杂的图形。

　　5. 编辑图形对象

　　图形对象创建完成后，要对图形对象进行各种编辑工作，如：改变图形的颜色和大小，调整图形的位置和排列形式，图形的旋转及组合分解等操作，MCGS嵌入版提供了完善的编辑工具，使用户能快速制作各种复杂的图形界面，以图形方式精确表示外部物理对象。

　　6. 定义动画连接

　　定义动画连接，实际上是将用户窗口内创建的图形对象与实时数据库中定义的数据对象建立对应连接关系，通过对图形对象在不同的数值区间内设置不同的状态属性（如颜色、大小、位置移动、可见度、闪烁效果等），用数据对象的值的变化来驱动图形对象的状态改变，使系统在运行过程中，产生形象逼真的动画效果。因此，动画连接过程就归结为对图形对象的状态属性设置的过程。

　　7. 图元图符对象连接

　　在MCGS嵌入版中，每个图元、图符对象都可以实现11种动画连接方式。可以利用这些图元、图符对象来制作实际工程所需的图形对象，然后建立起与数据对象的对应关系，定义图形对象的一种或多种动画连接方式，实现特定的动画功能。这11种动画连接方式如下：

　　① 填充颜色连接；

　　② 边线颜色连接；

　　③ 字符颜色连接；

　　④ 水平移动连接；

　　⑤ 垂直移动连接；

　　⑥ 大小变化连接；

　　⑦ 显示输出连接；

　　⑧ 按钮输入连接；

　　⑨ 按钮动作连接；

　　⑩ 可见度连接；

　　⑪ 闪烁效果连接。

　　8. 动画构件连接

　　为了简化用户程序设计工作量，MCGS嵌入版将工程控制与实时监测作业中常用的物理器件，如按钮、操作杆、显示仪表和曲线表盘等，制成独立的图形存储于图库中，供用户调用，这些能实现不同动画功能的图形称为动画构件。

在组态时，只需要建立动画构件与实时数据库中数据对象的对应关系，就能完成动画构件的连接，如对实时曲线构件，需要指明该构件运行时记录哪个数据对象的变化曲线；对报警显示构件，需要指明该构件运行时显示哪个数据对象的报警信息。

（五）组态主控窗口

主控窗口是用户应用系统的主窗口，也是应用系统的主框架，展现工程的总体外观。

选中"主控窗口"图标，鼠标单击"工作台"窗口中的"系统属性"按钮，或者单击工具条中的"显示属性"按钮 🖻，或者选择"编辑"菜单中的"属性"菜单项，显示"主控窗口属性设置"对话框。分为下列 5 种属性，按页设置。

（1）基本属性：指明反映工程外观的显示要求，包括工程的名称（窗口标题），系统启动时首页显示的画面（称为软件封面）。

（2）启动属性：指定系统启动时自动打开的用户窗口（称为启动窗口）。

（3）内存属性：指定系统启动时自动装入内存的用户窗口。运行过程中，打开装入内存的用户窗口可提高画面的切换速度。

（4）系统参数：设置系统运行时的相关参数，主要是周期性运作项目的时间要求。例如，画面刷新的周期时间，图形闪烁的周期时间等。建议采用缺省值，一般情况下不需要修改这些参数。

（5）存盘参数：该属性页中可以进行工程文件配置和特大数据存储设置，通常情况下，不必对此部分进行设置，保留缺省值即可。

（六）组态设备窗口

设备窗口是 MCGS 嵌入版系统与作为测控对象的外部设备建立联系的后台作业环境，负责驱动外部设备，控制外部设备的工作状态。系统通过设备与数据之间的通道，把外部设备的运行数据采集进来，送入实时数据库，供系统其他部分调用，并且把实时数据库中的数据输出到外部设备，实现对外部设备的操作与控制。

MCGS 嵌入版为用户提供了多种类型的"设备构件"，作为系统与外部设备进行联系的媒介。进入设备窗口，从设备构件工具箱里选择相应的构件，配置到窗口内，建立接口与通道的连接关系，设置相关的属性，即完成了设备窗口的组态工作。

运行时，应用系统自动装载设备窗口及其含有的设备构件，并在后台独立运行。对用户来说，设备窗口是不可见的。

在设备窗口内用户组态的基本操作是：

① 选择构件；

② 设置属性；

③ 连接通道；

④ 调试设备。

1. 选择设备构件

在工作台的"设备窗口"页中：鼠标双击设备窗口图标（或选中窗口图标，单击"设备组态"按钮），弹出设备组态窗口；选择工具条中的"工具箱"按钮，弹出设备工具箱；鼠标双击设备工具箱里的设备构件，或选中设备构件，鼠标移到设备窗口内，单击，则可将其选到窗口内。

设备工具箱内包含有 MCGS 嵌入版目前支持的所有硬件设备，对系统不支持的硬件设备，需要预先定制相应的设备构件，才能对其进行操作。MCGS 嵌入版将不断增加新的设备构件，以提供对更多硬件设备的支持。

2. 设置设备构件属性

选中设备构件，单击工具条中的"属性"按钮![属性按钮]或选择"编辑"菜单中的"属性"命令，或者鼠标双击设备构件，弹出所选设备构件的"属性设置"对话框，进入"基本属性"窗口页，按所列项目设定。

不同的设备构件有不同的属性，一般都包括如下三项：设备名称、地址、数据采集周期。系统各个部分对设备构件的操作是以设备名为基准的，因此各个设备构件不能重名。与硬件相关的参数必须正确设置，否则系统不能正常工作。

3. 设备通道连接

把输入输出装置读取数据和输出数据的通道称为设备通道，建立设备通道和实时数据库中数据对象的对应关系的过程称为通道连接。建立通道连接的目的是通过设备构件，确定采集进来的数据送入实时数据库的什么地方，或从实时数据库中什么地方取用数据。

在属性设置对话框内，选择"通道连接和设置"窗口页，按表中所列款项设置。

4. 设备调试

将设备调试作为设备窗口组态项目之一，是便于用户及时检查组态操作的正确性，包括设备构件选用是否合理，通道连接及属性参数设置是否正确，这是保证整个系统正常工作的重要环节。"设备构件属性设置"对话框内，专设"设备调试"窗口页，以数据列表的形式显示各个通道数据测试结果。对于输出设备，还可以用对话方式，操作鼠标或键盘，控制通道的输出状态。

（七）组态运行策略

运行策略是指对监控系统运行流程进行控制的方法和条件，它能够对系统执行某项操作和实现某种功能进行有条件的约束。运行策略由多个复杂的功能模块组成，称为"策略块"，用来完成对系统运行流程的自由控制，使系统能按照设定的顺序和条件，进行操作实时数据库，控制用户窗口的打开、关闭以及控制设备构件的工作状态等一系列工作，从而实现对系统工作过程的精确控制及有序的调度管理。

1. 创建运行策略

每建立一个新工程，系统都自动创建三个固定的策略块：启动策略、循环策略和退出策略，它们分别在启动时、运行过程中和退出前由系统自动调度运行。

在系统工作台"运行策略"窗口下，单击"新建策略"按钮，可以创建所需要的策略块，缺省名称为"策略 X"（其中 X 为数字代码），如图 2-2-43 中的"策略 1"。

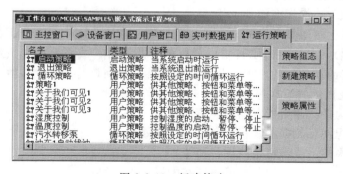

图 2-2-43　新建策略

一个应用系统最多能创建 512 个策略块，策略块的名称在属性设置窗口中指定。策略名称是唯一的,系统其他部分按策略名称进行调用。

　　MCGS嵌入版提供6种策略类型供用户选择,分别是用户策略、循环策略、报警策略、事件策略、热键策略和中断策略,其中除策略的启动方式各自不同之外,其功能本质上没有差别。用户策略自己并不启动,需要其他策略、按钮等调用。循环策略是按设定的循环时间自动循环运行。事件策略是等待某事件的发生后启动运行。报警策略是当某个报警条件发生后启动运行。热键策略是响应某个热键按下时启动运行。中断策略是在用户设定的中断发生时,调用该策略以实现相应的操作。

　　2. 设置策略属性

　　进入"运行策略"窗口页,选择某一策略块,单击"策略属性"按钮,或按工具条中的"显示属性"按钮 📄,即可弹出"策略块属性设置"对话框,设置的项目主要是策略名称和策略内容注释。其中的"循环时间"一栏,是专为循环策略块设置循环时间用的。

　　3. 组态策略内容

　　无论是用户创建的策略块还是系统固有的三个策略块,创建时只是一个有名无实的空架子,要使其成为独立的实体,被系统其他部分调用,必须对其进行组态操作,指定策略块所要完成的功能。

　　每一个策略块都具有多项功能,每一项功能的实现,都以特定的条件为前提。MCGS嵌入版把"条件—功能"结合成一体,构成策略块中的一行,称为"策略行",策略块由多个策略行构成,多个策略行按照从上到下的顺序执行。策略块的组态操作包括:

　　① 创建策略行;

　　② 配置策略构件;

　　③ 设置策略构件属性。

　　鼠标双击指定的策略块图标,或单击策略块图标,按"策略组态"按钮,弹出"策略组态"窗口,组态操作在该窗口内进行,步骤如下。

　　(1) 创建策略行:组态操作的第一步是创建策略行,目的是先为策略块搭建结构框架。用鼠标单击窗口上端工具条中的"新增策略行"按钮 (🔳),或单击鼠标右键在弹出右键菜单中选择"新增策略行菜单",或直接按下快捷键"Ctrl+I",增加一个空的策略行。一个策略块中最多可创建1000个策略行。

　　(2) 配置策略构件:每个策略行都由两种类型的构件串接而成,前端为条件构件,后端为策略构件。一个策略行中只能有一个策略构件。MCGS嵌入版的"策略工具箱"为用户提供了多种常用的策略构件,用户从工具箱中选择所需的条件构件和策略构件,配置在策略行相应的位置上。操作方法如下。

　　鼠标单击窗口上端工具条中的"工具箱"按钮 (🔧),打开"策略工具箱";选中策略行的功能框(后端),鼠标双击工具箱中相应的策略构件;或者选中工具箱中的策略构件,用鼠标单击策略行的功能框图,即可将所选的构件配置在该行的指定位置上。

　　MCGS嵌入版提供的策略构件有:

　　① 策略调用构件:调用指定的用户策略;

　　② 数据对象构件:数据值读写、存盘和报警处理;

　　③ 设备操作构件:执行指定的设备命令;

　　④ 退出策略构件:用于中断并退出所在的运行策略块;

　　⑤ 脚本程序构件:执行用户编制的脚本程序;

　　⑥ 定时器构件:用于定时;

⑦ 计数器构件：用于计数；

⑧ 窗口操作构件：打开、关闭、隐藏和打印用户窗口。

（3）设置策略构件属性：鼠标双击策略构件；或者单击策略构件，按工具条中的"属性按钮"，弹出该策略构件的属性设置对话框。不同的策略构件，属性设置的内容不同。

（八）组态结果检查

在组态过程中，不可避免地会产生各种错误，错误的组态会导致各种无法预料的结果，要保证组态生成的应用系统能够正确运行，必须保证组态结果准确无误。MCGS 嵌入版提供了多种措施来检查组态结果的正确性，用户要密切注意系统提示的错误信息，养成及时发现问题和解决问题的习惯。

1. 随时检查

各种对象的属性设置，是组态配置的重要环节，其正确与否，直接关系到系统能否正常运行。为此，MCGS 嵌入版大多数属性设置窗口中都设有"检查（C）"按钮，用于对组态结果的正确性进行检查。每当用户完成一个对象的属性设置后，可使用该按钮，及时进行检查，如有错误，系统会提示相关的信息。这种随时检查措施，使用户能及时发现错误，并且容易查找出错误的原因，迅速纠正。

2. 存盘检查

在完成用户窗口、设备窗口、运行策略和系统菜单的组态配置后，一般都要对组态结果进行存盘处理。存盘时，MCGS 嵌入版自动对组态的结果进行检查，发现错误，系统会提示相关的信息。

3. 统一检查

全部组态工作完成后，应对整个工程文件进行统一检查。关闭除工作台窗口以外的其他窗口，鼠标单击工具条右侧的"组态检查"按钮（☑），或执行"文件"菜单中的"组态结果检查"命令，即开始对整个工程文件进行组态结果正确性检查。

（九）工程测试

新建工程在 MCGS 嵌入版组态环境中完成（或部分完成）组态配置后，应当转入 MCGS 嵌入版模拟运行环境，通过试运行，进行综合性测试检查。

鼠标单击工具条中的"进入运行环境"按钮▣，或操作快捷键"F5"，或执行"文件"菜单中的"进入运行环境"命令，即可进入下载配置窗口，下载当前正在组态的工程，在模拟环境中对于要实现的功能进行测试。

在组态过程中，可随时进入运行环境，完成一部分测试一部分，发现错误及时修改。主要从以下几个方面对新工程进行测试检查：

① 外部设备；

② 动画动作；

③ 按钮动作；

④ 用户窗口；

⑤ 图形界面；

⑥ 运行策略。

1. 外部设备的测试

外部设备是应用系统操作的主要对象，是通过配置在设备窗口内的设备构件实施测量与控制的。因此，在系统联机运行之前，应首先对外部设备本身和组态配置结果进行测试检查。

首先确保外部设备能正常工作，对硬件设置、供电系统、信号传输、接线接地等各个环节，先进行正确性检查及功能测试，设备正常后再联机运行。其次在设备窗口组态配置中，要反复检查设备构件的选择及其属性设置是否正确，设备通道与实时数据库数据对象的连接是否正确，确认正确无误后方可转入联机运行。联机运行时，首先利用设备构件提供的调试功能，给外部设备输入标准信号，观察采集进来的数据是否正确，外部设备在手动信号控制下，能否迅速响应，运行工况是否正常等。

2. 动画动作的测试

图形对象的动画动作是实时数据库中数据对象驱动的结果，因此，该项测试是对整个系统进行的综合性检查。通过对图形对象动画动作的实际观测，检查与实时数据库建立的连接关系是否正确，动画效果是否符合实际情况，验证画面设计与组态配置的正确性及合理性。

动画动作的测试建议分两步进行：首先利用模拟设备产生的数据进行测试，定义若干个测试专用的数据对象，并设定一组典型数值或在运行策略中模拟对象值的变化，测试图形对象的动画动作是否符合设计意图；然后，进行运行过程中的实时数据测试。可设置一些辅助动画，显示关键数据的值，测试图形对象的动画动作是否符合实际情况。

3. 按钮动作的测试

首先检查按钮标签文字是否正确。实际操作按钮，测试系统对按钮动作的响应是否符合设计意图，是否满足实际操作的需要。当设有快捷键时，应检查与系统其他部分的快捷键设置是否冲突。

4. 用户窗口的测试

首先测试用户窗口能否正常打开和关闭，测试窗口的外观是否符合要求。对于经常打开和关闭的窗口，通过对其执行速度的测试，检查是否将该类窗口设置为内存窗口（在主控窗口中设置）。

5. 图形界面的测试

图形界面由多个用户窗口构成，各个窗口的外观、大小及相互之间的位置关系需要仔细调整和精确定位，才能获得满意的显示效果。在系统综合测试阶段，建议先进行简单布局，重点检查图形界面的实用性及可操作性。待整个应用系统基本完成调试后，再对所有用户窗口的大小及位置关系进行精细地调整。

6. 运行策略的测试

应用系统的运行策略在后台执行，其主要的职责是对系统的运行流程实施有效控制和调度。运行策略本身的正确性难以直接测试，只能从系统运行的状态和反馈信息加以判断分析。建议用户一次只对一个策略块进行测试，测试的方法是创建辅助的用户窗口，用来显示策略块中所用到的数据对象的数值。测试过程中，可以人为地设置某些控制条件，观察系统运行流程的执行情况，对策略的正确性作出判断。同时，还要注意观察策略块运行中系统其他部分的工作状态，检查策略块的调度和操作职能是否正确实施。例如，策略中要求打开或关闭的窗口是否及时打开或关闭，外部设备是否按照策略块中设定的控制条件正常工作。

四、触摸屏实时数据库建立

（一）概述

1. 数据对象的概念

在 MCGS 嵌入版中，数据不同于传统意义的数据或变量，以数据对象的形式来进行操作与处理。数据对象不仅包含了数据变量的数值特征，还将与数据相关的其他属性（如数据的状态、报警限值等）以及对数据的操作方法（如存盘处理、报警处理等）封装在一起，作为一个整体，以对象的形式提供服务，这种把数值、属性和方法定义成一体的数据称为数据对象。

在 MCGS 嵌入版中，用数据对象表示数据，可以把数据对象认为是比传统变量具有更多功能的对象变量，像使用变量一样来使用数据对象，大多数情况下只需使用数据对象的名称来直接操作数据对象。

2. 实时数据库的概念

在 MCGS 嵌入版中，用数据对象来描述系统中的实时数据，用对象变量代替传统意义上的值变量，把数据库技术管理的所有数据对象的集合称为实时数据库。

实时数据库是 MCGS 嵌入版系统的核心，是应用系统的数据处理中心。系统各个部分均以实时数据库为公用区交换数据，实现各个部分协调动作。

设备窗口通过设备构件驱动外部设备，将采集的数据送入实时数据库；由用户窗口组成的图形对象，与实时数据库中的数据对象建立连接关系，以动画形式实现数据的可视化；运行策略通过策略构件，对数据进行操作和处理。如图 2-2-44 所示。

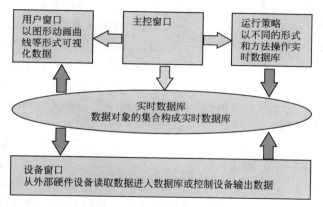

图 2-2-44　实时数据库连接

（二）定义数据对象

定义数据对象的过程，就是构造实时数据库的过程。

定义数据对象时，在组态环境工作台窗口中，选择"实时数据库"标签，进入实时数据库窗口页，显示已定义的数据对象，如图 2-2-45 所示。

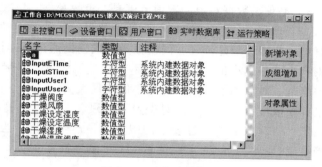

图 2-2-45　实时数据库

对于新建工程，窗口中显示系统内建的 4 个字符型数据对象，分别是 InputETime、

InputSTime、InputUser1 和 InputUser2。当在对象列表的某一位置增加一个新的对象时，可在该处选定数据对象，鼠标单击"新增对象"按钮，则在选中的对象之后增加一个新的数据对象；如不指定位置，则在对象表的最后增加一个新的数据对象。新增对象的名称以选中的对象名称为基准，按字符递增的顺序由系统缺省确定。对于新建工程，首次定义的数据对象，缺省名称为 Data1。需要注意的是，数据对象的名称中不能带有空格，否则会影响对此数据对象存盘数据的读取。

在"实时数据库"窗口页中，可以像在 Windows 95 的文件操作窗口中一样，能够以大图标、小图标、列表、详细资料 4 种方式显示实时数据库中已定义的数据对象，可以选择按名称的顺序或按类型顺序来显示数据对象，也可以剪切、拷贝、粘贴指定的数据对象。

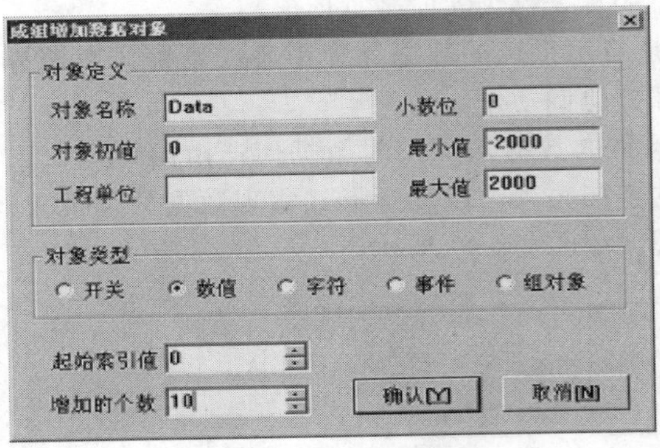

为了快速生成多个相同类型的数据对象，可以选择"成组增加"按钮，弹出"成组增加数据对象"对话框，一次定义多个数据对象，如图 2-2-46 所示。成组增加的数据对象，名称由主体名称和索引代码两部分组成。其中，"对象名称"一栏，代表该组对象名称的主体部分，而"起始索引值"则代表第一个成员的索引代码，其他数据对象的主体名称相同，索引代码依次递增。成组增加的数据对象，其他特性如对象类型、工程单位、最大值、最小值等都是一致的。

图 2-2-46 增加数据对象

（三）数据对象的类型

在 MCGS 嵌入版中，数据对象有开关型、数值型、字符型和组对象等 4 种类型。不同类型的数据对象，属性不同，用途也不同。

1. 开关型数据对象

记录开关信号（0 或非 0）的数据对象称为开关型数据对象，通常与外部设备的数字量输入输出通道连接，用来表示某一设备当前所处的状态。开关型数据对象也用于表示 MCGS 嵌入版中某一对象的状态，如对应于一个图形对象的可见度状态。

开关型数据对象没有工程单位和最大最小值属性，没有限值报警属性，只有状态报警属性。

2. 数值型数据对象

在 MCGS 嵌入版中，数值型数据对象的数值范围是：负数是 $-3.402823E38 \sim -1.401298E-45$，正数是 $1.401298E-45 \sim 3.402823E38$。数值型数据对象除了存放数值及参与数值运算外，还提供报警信息，并能够与外部设备的模拟量输入输出通道相连接。

数值型数据对象有最大和最小值属性，其值不会超过设定的数值范围。当对象的值小于最小值或大于最大值时，对象的值分别取为最小值或最大值。

数值型数据对象有限值报警属性，可同时设置下下限、下限、上限、上上限、上偏差、下偏差等 6 种报警限值，当对象的值超过设定的限值时，产生报警；当对象的值回到所有的限值之内时，报警结束。

3. 字符型数据对象

字符型数据对象是存放文字信息的单元，用于描述外部对象的状态特征，其值为多个字符组成的字符串，字符串长度最长可达 64KB。字符型数据对象没有工程单位和最大、最小值属性，也没有报警属性。

4. 数据组对象

数据组对象是 MCGS 引入的一种特殊类型的数据对象，类似于一般编程语言中的数组和结构体，用于把相关的多个数据对象集合在一起，作为一个整体来定义和处理。例如在实际工程中，描述一个锅炉的工作状态有温度、压力、流量、液面高度等多个物理量，为便于处理，定义"锅炉"为一个组对象，用来表示"锅炉"这个实际的物理对象，其内部成员则由上述物理量对应的数据对象组成，这样，在对"锅炉"对象进行处理（如进行组态存盘、曲线显示、报警显示）时，只需指定组对象的名称"锅炉"，就包括了对其所有成员的处理。

组对象只是在组态时对某一类对象的整体表示方法，实际的操作则是针对每一个成员进行的。如在报警显示动画构件中，指定要显示报警的数据对象为组对象"锅炉"，则该构件显示组对象包含的各个数据对象在运行时产生的所有报警信息。

把一个对象的类型定义成组对象后，还必须定义组对象所包含的成员。如图 2-2-47 所示，在"组对象属性设置"对话框内，专门有"组对象成员"窗口页，用来定义组对象的成员。图中左边为所有数据对象的列表，右边为组对象成员列表。利用属性页中的"增加"按钮，可以把左边指定的数据对象增加到组对象成员中；"删除"按钮则把右边指定的组对象成员删除。组对象没有工程单位、最大值、最小值属性，组对象本身没有报警属性。

（四）数据对象的属性设置

数据对象定义之后，应根据实际需要设置数据对象的属性。在组态环境工作台窗口中，选择"实时数据库"标签，从数据对象列表中选中某一数据对象，鼠标单击"对象属性"按钮，或者鼠标双击数据对象，即可弹出如图 2-2-48 所示的"数据对象属性设置"对话框。对话框设有三个窗口页：基本属性、存盘属性和报警属性。

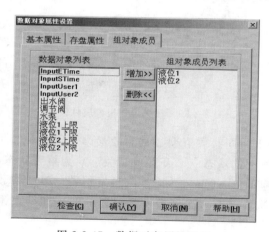

图 2-2-47　数据对象属性设置

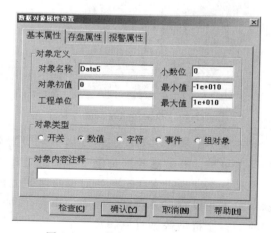

图 2-2-48　数据对象基本属性设置

1. 基本属性

数据对象的基本属性中包含数据对象的名称、单位、初值、取值范围和类型等基本特征信息。

在基本属性设置页的"对象名称"一栏内输入代表对象名称的字符串，字符个数不得超过 32 个（汉字 16 个），对象名称的第一个字符不能为"！"、"＄"符号或 0~9 的数字，字符串中间不能有空格。用户不指定对象的名称时，系统缺省定为"DataX"，其中"X"

为顺序索引代码（第一个定义的数据对象为 Data0）。

数据对象的类型必须正确设置。不同类型的数据对象，属性内容不同，按所列栏目设定对象的初始值、最大值、最小值及工程单位等。在"对象内容注释"一栏中，输入说明对象情况的注释性文字。

2. 存盘属性

MCGS 嵌入版中，普通的数据对象没有存盘属性。只有组对象才有存盘属性。

对数据组对象，只能设置为定时方式存盘。实时数据库按设定的时间间隔，定时存储数据组对象的所有成员在同一时刻的值。如果设定时间隔设为"0 秒"，则实时数据库不进行自动存盘处理，只能用其他方式处理数据的存盘，例如可以通过 MCGS 嵌入版中称为"数据对象操作"的策略构件来控制数据对象值的带有一定条件的存盘，也可以在脚本程序内用系统函数"！SaveData"来控制数据对象值的存盘。注意在 MCGS 嵌入版中，此函数仅对数据组对象有效。如图 2-2-49 所示为数据对象存盘属性设置。

3. 报警属性

MCGS 嵌入版把报警处理作为数据对象的一个属性，封装在数据对象内部，由实时数据库判断是否有报警产生，并自动进行各种报警处理。如图 2-2-50 所示，用户应首先设置"允许进行报警处理"选项，才能对报警参数进行设置。

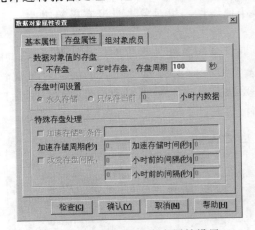

图 2-2-49　数据对象存盘属性设置

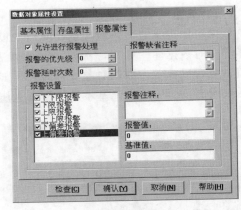

图 2-2-50　数据对象报警属性设置

不同类型的数据对象，报警属性的设置各不相同。数值型数据对象最多可同时设置 6 种限值报警；开关型数据对象只有状态报警，按下的状态（"开"或"关"）为报警状态，另一种状态即为正常状态，当对象的值变为相应的值（0 或 1）时，将触发报警；事件型数据对象不用设置报警状态，对应的事件产生一次，就有一次报警，且报警的产生和结束是同时的；字符型数据对象和数据组对象没有报警属性。

（五）数据对象的属性和方法

在 MCGS 嵌入版组态软件系统中，每个数据对象都是由系统的属性和方法构成的。使用操作符"."，可以在脚本程序或使用表达式的地方，调用数据对象相应的属性和方法。例如：Data00.Value 可以取得数据对象 Data00 的当前值；Data00.Min 则可以获得数据对象 Data00 的最小值。

1. 数据对象属性

数据对象属性如表 2-2-1 所示。

表 2-2-1　数据对象属性表

属　性　名	类　型	操作方式	意　　义
Value	同数据对象类型	读写	数据对象中的值
Name	数值型	只读	数据对象中的名字
Min	数值型	读写	数据对象的最小值
Max	数值型	读写	数据对象的最大值
Unit	数值型	读写	数据对象的工程单位
Comment	数值型	读写	数据对象的注释
InitValue	数值型	读写	数据对象的初值
Type	数值型	只读	数据对象的类型
AlmEnable	数值型	读写	数据对象的启动报警标志
AlmHH	数值型	读写	数值型报警的上上限值或开关型报警的状态值
AlmH	数值型	读写	数值型报警的上限值
AlmL	数值型	读写	数值型报警的下限值
AlmLL	数值型	读写	数值型报警的下下限值
AlmV	数值型	读写	数值型偏差报警的基准值
AlmVH	数值型	读写	数值型偏差报警的上偏差值
AlmVL	数值型	读写	数值型偏差报警的下偏差值
AlmFlagHH	数值型	读写	允许上上限报警，或允许开关量报警
AlmFlagH	数值型	读写	允许上限报警，或允许开关量跳变报警
AlmFlagL	数值型	读写	允许下限报警，或允许开关量正跳变报警
AlmFlagLL	数值型	读写	允许下下限报警，或允许开关量负跳变报警
AlmFlagVH	数值型	读写	允许上偏差报警
AlmFlagVL	数值型	读写	允许下偏差报警
AlmComment	数值型	读写	报警信息注释
AlmDelay	数值型	读写	报警延时次数
AlmPriority	数值型	读写	报警优先级
AlmState	数值型	只读	报警状态
AlmType	数值型	只读	报警类型

2. 数据对象方法

（1）SaveData（DatName）

① 函数意义：把数据对象 DataName 对应的当前值存入存盘数据库中。本函数的操作使对应的数据对象的值存盘一次。此数据对象必须具有存盘属性，且存盘时间需设为"0 秒"。否则会操作失败。

② 返回值：数值型，＝0 为操作成功，＜＞0 为操作失败。

③ 参数：DatName，数据对象名。

④ 实例：！SaveData（电机 1），把组对象"电机 1"的所有成员对应的当前值存盘

一次。

(2) SaveDataInitValue

① 函数意义：本操作把设置有"退出时自动保存数据对象的当前值作为初始值"属性的数据对象的当前值存入组态结果数据中作为初始值，防止突然断电而无法保存，以便下次启动时这些数据对象能自动恢复其值。

② 返回值：数值型，返回值＝0：调用正常；＜＞0：调用不正常。

③ 参数：无。

④ 实例：! SaveDataInitValue ()。

(3) SaveDataOnTime (Time，TimeMS，DataName)

① 函数意义：使用指定时间保存数据。本函数通常用于指定时间来保存数据，实现与通常机制不一样的存盘方法。

② 返回值：数值型，返回值＝0：调用正常；＜＞0：调用不正常。

③ 参数：Time，整型，使用时间函数转换出的时间量。时间精度到秒。

TimeMS，整型，指定存盘时间的毫秒数。

④ 实例：t ＝ ! TimeStr2I ("2001 年 2 月 21 日 3 时 2 分 3 秒")

! SaveDataOnTime (t，0，DataGroup)，按照指定时间保存数据对象。

(4) AnswerAlm (DatName)

① 函数意义：应答数据对象 DatName 所产生的报警。如对应的数据对象没有报警产生或已经应答，则本函数无效。

② 返回值：数值型，＝0 为操作成功，＜＞0 为操作失败。

③ 参数：DatName，数据对象名。

④ 实例：! AnswerAlm (电机温度)，应答数据对象"电机温度"所产生的报警。

(六) 数据对象的作用域

1. 数据对象的全局性

实时数据库中定义的数据对象都是全局性的，MCGS 嵌入版各个部分都可以对数据对象进行引用或操作，通过数据对象来交换信息和协调工作。数据对象的各种属性在整个运行过程中都保持有效。

2. 数据对象的操作

MCGS 嵌入版中直接使用数据对象的名称进行操作，在用户应用系统中，需要操作数据对象的有如下几个地方。

(1) 建立设备通道连接。在设备窗口组态配置中，需要建立设备通道与实时数据库的连接，指明每个设备通道所对应的数据对象，以便通过设备构件，把采集到的外部设备的数据送入实时数据库。

(2) 建立图形动画连接。在用户窗口创建图形对象并设置动画属性时，需要将图形对象指定的动画动作与数据对象建立连接，以便能用图形方式可视化数据。

(3) 参与表达式运算。类似于传统的变量用法，对数据对象赋值，作为表达式的一部分，参与表达式的数值运算。

(4) 制定运行控制条件。运行策略的"数据对象条件"构件中，指定数据对象的值和报警限值等属性，作为策略行的条件部分，控制运行流程。

(5) 作为变量编制程序。运行策略的"脚本程序"构件中，把数据对象作为一个变量使用，由用户编制脚本程序，完成特定操作与处理功能。

（七）MCGS 嵌入版系统变量

MCGS 嵌入版系统内部定义了一些供用户直接使用的数据对象，用于读取系统内部设定的参数，称为内部数据对象。

内部数据对象不同于用户定义的数据对象，它只有值属性，没有工程单位、最大值、最小值和报警属性。内部数据对象的名字都以"＄"符号开头，以区别于用户自定义的数据对象。MCGS 嵌入版系统函数在 MCGS 嵌入版系统内部定义了一些供用户直接使用的系统函数，直接用于表达式和用户脚本程序中，完成特定的功能。系统函数以"！"符号开头，以区别于用户自定义的数据对象。运行环境操作函数：提供了对窗口、策略及设备操作的方法。

① 数据对象操作函数：提供了对各个数据对象及存盘数据操作的方法。

② 用户登录操作函数：提供了用户登录和管理的功能。包括打开登录对话框、打开用户管理对话框等。

③ 字符串操作函数：完成对字符串的处理任务。

④ 定时器操作函数：提供了对定时器的操作。包括对内建时钟的启动、停止、复位、时间读取等操作。

⑤ 系统操作函数：提供了对应用程序、打印机、外部可执行文件等的操作。

⑥ 数学函数：提供了进行数学运算的函数。

⑦ 文件操作函数：提供了对文件的操作，包括删除、拷贝文件，把文件拆开、合并，寻找文件，和循环语句一起，可以遍历文件，在文件中进行读写操作。对 CSV（逗号分割的文本文件）进行读写操作等。

⑧ 时间运算函数：提供了对时间进行运算和转换的功能。

⑨ 嵌入式系统函数：提供了读取下位机信息、设置下位机参数的功能。

（八）数据对象浏览和查询

1. 数据对象浏览

执行"查看"菜单中的"数据对象"命令，弹出如图 2-2-51 所示的"数据对象浏览"窗口。

利用该窗口可以方便地浏览实时数据库中不同类型的数据对象。窗口分为两页："系统内建"窗口页和"用户定义"窗口页，系统内建窗口显示系统内部数据对象及系统函数；用户定义窗口显示用户定义的数据对象。选定窗口上端的对象类型复选框，可以只显示指定类型的数据对象。

2. 数据对象查询

在 MCGS 嵌入版的组态过程中，为了能够准确地输入数据对象的名称，经常需要从已定义的数据对象列表中查询或确认。

在数据对象的许多属性设置窗口中，对象名

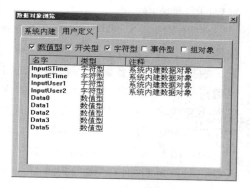

图 2-2-51　数据对象浏览

称或表达式输入框的右端，都带有一个"？"号按钮（ ），当单击该按钮时，会弹出如图 2-2-52 所示的窗口，该窗口中显示所有可供选择的数据对象的列表。双击列表中的指定数据对象后，该窗口消失，对应的数据对象的名称会自动输入到"？"号按钮左边的输入框内。这样的查询方式，可快速建立数据对象名称，避免人工输入可能产生的错误。

单击右键，该框消失。

（九）使用计数检查

为了方便用户对数据变量的统计，MCGS 嵌入版组态软件提供了计数检查功能。通过使用计数检查，用户可清楚地掌握各种类型数据变量的数量及使用情况。

具体操作方法极其简单，只需单击工具栏中"工具"菜单中的"使用计数检查"选项即可，如图 2-2-53 所示。

图 2-2-52　数据对象类型设置

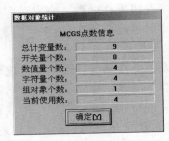

图 2-2-53　数据对象统计

同时，该选项也有组态检查的功能。

五、触摸屏与设备连接

（一）概述

设备窗口是 MCGS 嵌入版系统的重要组成部分，在设备窗口中建立系统与外部硬件设备的连接关系，使系统能够从外部设备读取数据并控制外部设备的工作状态，实现对工业过程的实时监控。

在 MCGS 嵌入版中，实现设备驱动的基本方法是：在设备窗口内配置不同类型的设备构件，并根据外部设备的类型和特征，设置相关的属性，将设备的操作方法如硬件参数配置、数据转换、设备调试等都封装在构件之中，以对象的形式与外部设备建立数据的传输通道连接。系统运行过程中，设备构件由设备窗口统一调度管理。通过通道连接，它既可以向实时数据库提供从外部设备采集到的数据，供系统其他部分进行控制运算和流程调度，又能从实时数据库查询控制参数，实现对设备工作状态的实时检测和过程的自动控制。

MCGS 嵌入版的这种结构形式使其成为一个"与设备无关"的系统，对于不同的硬件设备，只需定制相应的设备构件，放置到设备窗口中，并设置相关的属性，系统就可对这一设备进行操作，而不需要对整个系统结构作任何改动。

在 MCGS 嵌入版中，一个用户工程只允许有一个设备窗口。运行时，由主控窗口负责打开设备窗口，而设备窗口是不可见的，在后台独立运行，负责管理和调度设备构件的运行。

对已经编好的设备驱动程序，MCGS 嵌入版使用设备构件管理工具进行管理。单击在MCGS 嵌入版组态环境中"工具"菜单下的"设备构件管理"项，将弹出如图 2-2-54 所示的设备管理窗口。

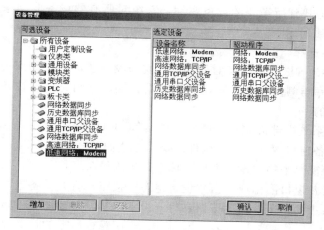

图 2-2-54 　设备管理

　　设备管理窗口中提供了常用的上百种的设备驱动程序，方便用户快速找到适合自己的设备驱动程序，还可以完成所选设备在 Windows 中的登记和删除登记等工作。

　　MCGS 嵌入版设备驱动程序的登记、删除登记工作是非常重要的，在初次使用设备或用户自己新添加的设备之前，必须按下面的方法完成设备驱动程序的登记工作，否则可能会出现不可预测的错误。设备驱动程序的登记方法如下。

　　如图 2-2-54 所示，在设备管理窗口中，左边列出系统现在支持的所有设备，右边列出所有已经登记的设备，用户只需在窗口左边的列表框中选中需要使用的设备，单击"增加"按钮即完成了 MCGS 嵌入版设备的登记工作，在窗口右边的列表框中选中需要删除的设备单击"删除"按钮即完成了 MCGS 嵌入版设备的删除登记工作。

　　如果需要增加新的设备，单击"安装"按钮，系统弹出对话框询问是否需要安装新增的驱动程序，选择"是"，指明驱动程序所在的路径，进行安装，安装完毕，新的设备将显示在设备管理窗口的左侧窗口"用户定制设备"目录下，接下来就可以进行新设备的登记工作了。

　　MCGS 嵌入版设备驱动程序的选择，如图 2-2-55 所示，在设备管理窗口左边的列表框中列出了系统目前支持的所有设备（驱动程序在 \ MCGSE \ Program \ Drivers 目录下），设备是按一定分类方法分类排列的，用户可以根据分类方法去查找自己需要的设备。例如，用户要查找研华 ADAM-4013 智能模块的驱动程序，可以在 Drivers 目录下先找到智能模块

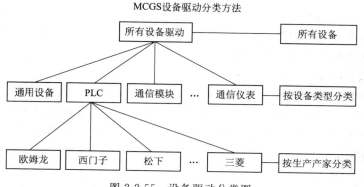

图 2-2-55 　设备驱动分类图

目录，然后在该目录下的找到研华模块目录，里面即有研华 ADAM-4013。为了在众多的设备驱动中方便快速地找到所需要的设备驱动，系统对所有的设备驱动采用了一定的分类方法排列。如图 2-2-54 所示。

（二）设备构件选择

设备构件是 MCGS 嵌入版系统对外部设备实施设备驱动的中间媒介，通过建立的数据通道，在实时数据库与测控对象之间，实现数据交换，达到对外部设备的工作状态进行实时检测与控制的目的。

MCGS 嵌入版系统内部设立有"设备工具箱"，工具箱内提供了与常用硬件设备相匹配的设备构件。在设备窗口内配置设备构件的操作方法如下。

① 选择工作台窗口中的"设备窗口"标签，进入设备窗口页。

② 鼠标双击设备窗口图标或单击"设备组态"按钮，打开设备组态窗口。

③ 单击工具条中的"工具箱"按钮，打开设备工具箱，如图 2-2-56 所示。

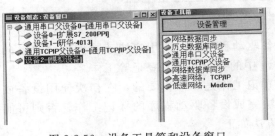

图 2-2-56　设备工具箱和设备窗口

④ 观察所需的设备是否显示在设备工具箱内，如果所需设备没有出现，请用鼠标单击"设备管理"按钮，在弹出的设备管理对话框中选定所需的设备。

⑤ 鼠标双击设备工具箱内对应的设备构件，或选择设备构件后，鼠标单击设备窗口，将选中的设备构件设置到设备窗口内。

⑥ 对设备构件的属性进行正确设置。

MCGS 嵌入版设备工具箱内一般只列出工程所需的设备构件，方便工程使用，如果需要在工具箱中添加新的设备构件，可用鼠标单击工具箱上部的"设备管理"按钮，弹出"设备管理"窗口，设备窗口的"可选设备"栏内列出了已经完成登记的、系统目前支持的所有设备，找到需要添加的设备构件，选中它，双击鼠标，或者单击"增加"按钮，该设备构件就添加到右侧的"选定设备"栏中。选定设备栏中的设备构件就是设备工具箱中的设备构件。将自己定制的新构件完成登记，添加到设备窗口，也可以用同样的方法将它添加到设备工具箱中，登记构件的过程在前一节中已经作了介绍。

（三）设备构件的属性设置

在设备窗口内配置了设备构件之后，接着应根据外部设备的类型和性能，设置设备构件的属性。不同的硬件设备，属性内容大不相同，但对大多数硬件设备而言，其对应的设备构件应包括如下各项组态操作：

① 设置设备构件的基本属性。

② 建立设备通道和实时数据库之间的连接。

③ 设备通道数据处理内容的设置。

④ 硬件设备的调试。

在设备组态窗口内，选择设备构件，单击工具条中的"属性"按钮或者执行"编辑"菜单中的"属性"命令，或者使用鼠标双击该设备构件，即可打开选中构件的属性设置窗口，如图 2-2-57 所示。该窗口中有 4 个属性页，即基本属性、通道连接、设备调试和数据处理等，需要分别设置。

1. 设备构件的基本属性

图 2-2-57 显示了设备构件的"基本属性"页，MCGS 嵌入版中，设备构件的基本属性

分为两类，一类是各种设备构件共有的属性，有设备名称、设备内容注释、运行时设备初始工作状态、最小数据采集周期；另一类是每种构件特有的属性。

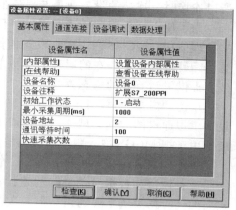

图 2-2-57　设备基本属性设置

大多数设备构件的属性在基本属性页中就可完成设置，而有些设备构件的一些属性无法在基本属性页中设置，需要在设备构件内部的属性页中设置，MCGS 嵌入版把这些属性称为设备内部属性。在基本属性页中，单击"［内部属性］"对应的按钮即可弹出对应的内部属性设置对话框（如没有内部属性，则无对话框弹出）。在基本属性页中，单击"［在线帮助］"对应的按钮即可弹出设备构件的使用说明，每个设备构件都有详细的在线帮助供用户在使用时参考，建议用户在使用设备构件时一定先看在线帮助。

初始工作状态是指进入 MCGS 嵌入版运行环境时，设备构件的初始工作状态。设为"启动"时，设备构件自动开始工作；设为"停止"时，设备构件处于非工作状态，需要在系统的其他地方（如运行策略中的设备操作构件内）来启动设备开始工作。

在 MCGS 嵌入版中，系统对设备构件的读写操作是按一定的时间周期来进行的，"最小采集周期"是指系统操作设备构件的最快时间周期。运行时，设备窗口用一个独立的线程来管理和调度设备构件的工作，在系统的后台按照设定的采集周期，定时驱动设备构件采集和处理数据，因此设备采集任务将以较高的优先级执行，得以保证数据采集的实时性和严格的同步要求。实际应用中，可根据需要对设备的不同通道设置不同的采集或处理周期。

2. 设备构件的通道连接

MCGS 嵌入版设备中一般都包含有一个或多个用来读取或者输出数据的物理通道，MCGS 嵌入版把这样的物理通道称为设备通道，如：模拟量输入装置的输入通道、模拟量输出装置的输出通道、开关量输入输出装置的输入输出通道等，这些都是设备通道。

设备通道只是数据交换用的通路，而数据输入到哪儿和从哪儿读取数据以供输出，即进行数据交换的对象，则必须由用户指定和配置。

实时数据库是 MCGS 嵌入版的核心，各部分之间的数据交换均须通过实时数据库。因此，所有的设备通道都必须与实时数据库连接。所谓通道连接，也即由用户指定设备通道与数据对象之间的对应关系，这是设备组态的一项重要工作。如不进行通道连接组态，则 MCGS 嵌入版无法对设备进行操作。

在实际应用中，开始可能并不知道系统所采用的硬件设备，可以利用 MCGS 嵌入版系统的设备无关性，先在实时数据库中定义所需要的数据对象，组态完成整个应用系统，在最后的调试阶段，再把所需的硬件设备接上，进行设备窗口的组态，建立设备通道和对应数据对象的连接。如图 2-2-58 所示。

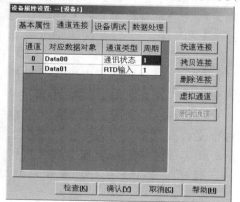

图 2-2-58　设备属性设置——通道连接

一般说来，设备构件的每个设备通道及其输入或输出数据的类型是由硬件本身决定的，所以连接时，连接的设备通道与对应的数据对象的类型必须匹配，否则连接无效。

为了便于处理中间计算结果，并且把 MCGS 嵌入版中数据对象的值传入设备构件供数据处理使用，MCGS 嵌入版在设备构件中引入了虚拟通道的概念。顾名思义，虚拟通道就是实际硬件设备不存在的通道。虚拟通道在设备数据前处理中可以参与运算处理，为数据处理提供灵活有效的组态方式。

单击"虚拟通道"按钮可以增加新的虚拟通道。如图 2-2-59 所示，增加虚拟通道需要设置虚拟通道的数据类型、虚拟通道用途说明、虚拟通道是用于向 MCGS 嵌入版输入数据还是用于把 MCGS 嵌入版中的数据输出到设备构件中来。

单击"快速连接"按钮，弹出"快速连接"对话框，如图 2-2-60 所示，可以快速建立一组设备通道和数据对象之间的连接；单击"拷贝连接"按钮，可以把当前选中的通道所建立的连接拷贝到下一通道，但对数据对象的名称进行索引增加；单击"删除连接"按钮，可删除当前选中的通道已建立的连接或删除指定的虚拟通道。

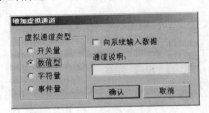

图 2-2-59 增加虚拟通道

图 2-2-60 快速连接

在 MCGS 嵌入版对设备构件进行操作时，不同通道可使用不同处理周期。通道处理周期是基本属性页中设置的最小采集周期的倍数，如设为 0，则不对对应的设备通道进行处理。为提高处理速度，建议把不需要的设备通道的处理周期设置为 0。

3. 设备构件的数据处理

在实际应用中，经常需要对从设备中采集到的数据或输出到设备的数据进行前处理，以得到实际需要的工程物理量，如从 AD 通道采集进来的数据一般都为电压 mV 值，需要

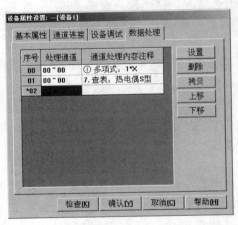

图 2-2-61 设备属性设置——数据处理

进行量程转换或查表计算等处理才能得到所需的物理量。如图 2-2-61 所示，用鼠标双击带"＊"的一行可以增加一个新的处理，双击其他行可以对已有的设置进行修改（也可以单击"设置"按钮进行）。注意：MCGS 嵌入版处理时是按序号的大小顺序处理的，可以通过"上移"和"下移"按钮来改变处理的顺序。

如图 2-2-62 所示，对通道数据可以进行 8 种形式的数据处理，包括：多项式计算、倒数计算、开方计算、滤波处理、工程转换计算、函数调用、标准查表计算、自定义查表计算，可以任意设置以上 8 种处理的组合，MCGS 嵌入版从上到下顺序进行计算处理，每行计算结果作为下一行计算输入值，

通道值等于最后计算结果值。

单击每种处理方法前的数字按钮，即可把对应的处理内容增加到右边的处理内容列表

中，"上移"和"下移"按钮改变处理顺序，"删除"按钮删除选定的处理项，单击"设置"按钮，弹出处理参数设置对话框，其中，倒数、开方、滤波处理不需设置参数，故没有对应的对话框弹出。

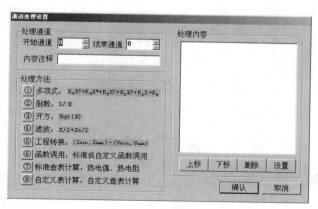

图 2-2-62　通道处理设置

处理通道栏中确定要对哪些通道的数据进行处理，可以一次指定多个通道，也可以只指定某个单一通道（开始通道和结束通道相同）。在这里要注意的是，设备通道的编号是从 0 开始的。对输入通道（从外部设备中读取数据送入 MCGS 嵌入版的通道，AD 板的输入通道）的处理顺序如下。

① 通过设备构件从外部设备读取数据。

② 按处理内容列表设置的处理内容，从上到下顺序计算处理，第一行使用通道从外部设备读取数据作为计算输入值，其他行使用上一行的计算结果作为输入值。

③ 最后一行计算结果作为通道的值。

④ 根据所建立的设备通道和实时数据库的连接关系，把通道的值送入实时数据库中的指定数据对象。

对输出通道（把 MCGS 嵌入版中的数据送到外部设备输出的通道，DA 板的输出通道）的处理顺序如下。

① 根据所建立的设备通道和实时数据库的连接关系，把实时数据库中的指定数据对象的值读入到通道。

② 按处理内容列表设置的处理内容，从上到下顺序计算处理，第一行使用通道从 MCGS 嵌入版中读取的数据作为计算输入值，其他行使用上一行的计算结果作为输入值。

③ 最后一行计算结果作为通道的值。

④ 通过设备构件把通道的数据输出到外部设备。

4. 数据处理方法介绍

在处理方法中给出了 8 种处理方法，在这里重点对多项式、函数调用和查表等方法作一下介绍。

（1）多项式计算处理。如图 2-2-63 所示，多项式可设置的处理参数有 K0～K5，可以将其设置为常数，也可以设置成指定通道的值（通道号前面加"!"），另外，还应选择参数和计算输入值 X 的乘除关系。

（2）函数调用处理。如图 2-2-64 所示，函数调用用来对设定的多个通道值进行统计计算，包括：求和、求平均值、求最大值、求最小值、求标准方差。

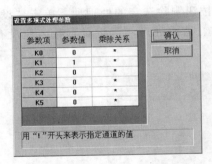

图 2-2-63 设置多项式处理参数

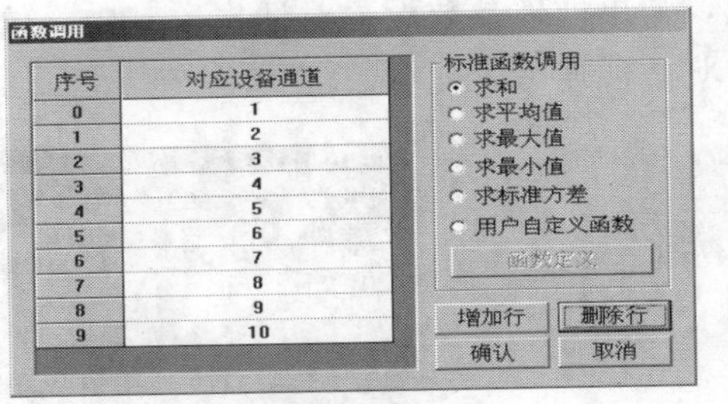

图 2-2-64 函数调用

此外，还允许使用动态连接库来编制自己的计算算法，挂接到 MCGS 嵌入版中来，达到可自由扩充 MCGS 算法的目的。如图 2-2-65 所示，需要指定用户自定义函数所在的动态连接库所在的路径和文件名，以及自定义函数的函数名。

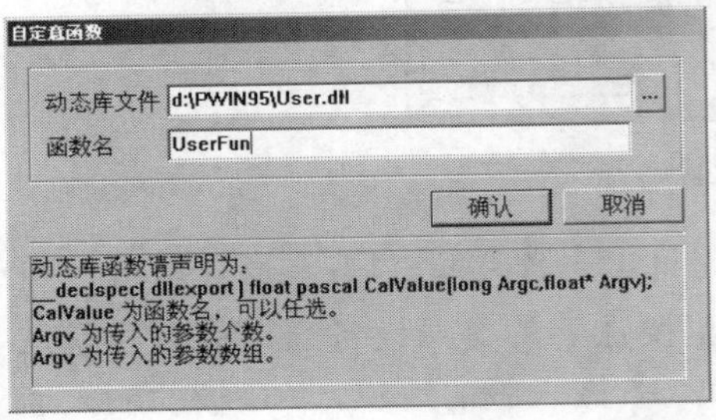

（3）标准查表计算处理。如图 2-2-66 所示，标准查表计算包括 8 种常用热电偶和 Pt100 热电阻查表计算。对 Pt100 热电阻在查表之前，应先使用其他方式把通过 AD 通道采集进来的电压值转换成为 Pt100 的电阻值，然后用电阻值查表得出对应的温度值。对热电偶查表计算，需要指定使用作为温度补偿的通道（热电偶已作冰点补偿时，不需要温度补偿），在查表计算之前，先要把作为温度补偿的通道的采集值转换成实际温度值，把热电偶通道的采集值转换成实际的毫伏数。

图 2-2-65 自定义函数

（4）自定义查表计算处理。如图 2-2-67 所示，自定义查表计算处理首先要定义一个表，在每一行输入对应值；然后指定查表基准。

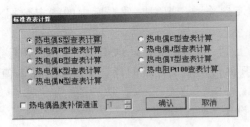

图 2-2-66 标准查表计算

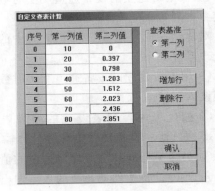

图 2-2-67 标准查表计算处理

5. 设备构件的调试

使用设备调试窗口可以在设备组态的过程中，能很方便地对设备进行调试，以检查设备组态设置是否正确、硬件是否处于正常工作状态，同时，在有些设备调试窗口中，可以直接对设备进行控制和操作，方便了设计人员对整个系统的检查和调试。

如图 2-2-68 所示，在"通道值"一列中，对输入通道显示的是经过数据转换处理后的最终结果值；对输出通道，可以给对应的通道输入指定的值，经过设定的数据转换内容后，输出到外部设备。

图 2-2-68　设备调试

任 务 小 结

　　本任务将综采设备变频调速控制电路的安装及调试中的 PLC 控制和 PLC 加常用低压电器控制变频调速电路的变频器频率和电动机转速显示在触摸屏上，并在触摸屏上进行故障报警显示。重点掌握的内容是触摸屏与设备连接及触摸屏实时数据库建立方法和用户窗口的设计。

　　MCGS 嵌入版是专门应用于嵌入式计算机监控系统的组态软件，MCGS 嵌入版包括组态环境和运行环境两部分，它的组态环境能够在基于 Microsoft 的各种 32 位 Windows 平台上运行，运行环境则是在实时多任务嵌入式操作系统 Windows CE 中运行。适应于应用系统对功能、可靠性、成本、体积、功耗等综合性能有严格要求的专用计算机系统。通过对现场数据的采集处理，以动画显示、报警处理、流程控制和报表输出等多种方式向用户提供解决实际工程问题的方案，在自动化领域有着广泛的应用。此外 MCGS 嵌入版还带有一个模拟运行环境，用于对组态后的工程进行模拟测试，方便用户对组态过程的调试。

　　MCGS 嵌入式体系结构分为组态环境、模拟运行环境和运行环境三部分。组态环境和模拟运行环境相当于一套完整的工具软件，可以在 PC 机上运行；运行环境则是一个独立的运行系统，它按照组态工程中用户指定的方式进行各种处理，完成用户组态设计的目标和功能。

　　由 MCGS 嵌入版生成的用户应用系统，由主控窗口、设备窗口、用户窗口、实时数据库和运行策略 5 个部分构成。实时数据库是 MCGS 嵌入版系统的核心，主控窗口构造了应用系统的主框架，设备窗口是 MCGS 嵌入版系统与外部设备联系的媒介，用户窗口实现了数据和流程的"可视化"，运行策略是对系统运行流程实现有效控制的手段。

习 题

1. MCGS 组态软件的特点有哪些？
2. MCGS 组态软件包括几部分，各部分的功能是什么？
3. MCGS 组态软件的用户系统包括几部分，各部分的功能是什么？

4. 什么是实施数据库，实施数据库与其他各部分的关系是什么？

分任务二　煤矿自动化生产线硬件安装及调试

》 任务目标

1. 能正确选用煤矿自动化生产线 PLC 网络控制系统；
2. 能正确选用传感器；
3. 能对 PLC 网络安装、接线及调试；
4. 能够对操作过程进行评价，具有独立思考能力、分析判断与决策能力。

》 任务描述

将综采主要设备采煤机、液压支架和皮带输送机进行网络硬件连接，并对传感器进行安装和调试。

一、传感器认知与类型识别

采用传感器技术的非电量电测方法就是目前应用最多的测量技术。当今信息时代，自动检测、自动控制技术在测量界占有很高的地位，而大多数设备只能处理电信号，也就是需要把非电量信息通过传感器转换成电信号。可见，传感器就是实现自动检测和自动控制的重要环节。

1. 传感器的认知

传感器是一种检测装置，能感受到被测量的信息，并能将检测感受到的信息，按一定规律变换成为电信号或其他所需形式的信息输出，以满足信息的传输、处理、存储、显示、记录和控制等要求。通常输入量为非电量，输出量主要是电量，输出与输入有对应关系，且有一定的精确度，完成检测任务。如图 2-2-69 所示。

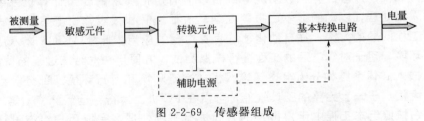

图 2-2-69　传感器组成

① 敏感元件。直接感受被测量，并输出与被测量成确定关系的更接近电量的某一物理量的元件。

② 转换元件。敏感元件的输出就是它的输入，将其转换成电路参数量。

③ 转换电路。上述电路参数接入转换电路，便可将其转换成电量输出。

说明：并非所有传感器均由这三部分组成，有的传感器仅由一个敏感元件（兼转换元件）组成，它感受被测量时直接输出电量，如热电偶，有些传感器由敏感元件和转换元件组成，没有转换电路，如压电式加速度传感器。

2. 传感器的类型

传感器类型有多种划分方式，有按用途分类、按输出信号为标准分类、按其制造工艺分类、按测量目分类、按作用形式分类等。为了便于学习，现采用按传感器的工作原理划分，按照工作原理可将传感器主要划分为以下几种类型。

① 电学式传感器。电学式传感器是非电量电测技术中应用范围较广的一种传感器，常用的有电阻式传感器、电容式传感器、电感式传感器、磁电式传感器及电涡流式传感器等。

a. 电阻式传感器是利用变阻器将被测非电量转换为电阻信号的原理制成的。电阻式传感器一般有电位器式、触点变阻式、电阻应变片式及压阻式传感器等。电阻式传感器主要用于位移、压力、力矩、气流流速、液位和液体流量等参数的测量。

b. 电容式传感器是利用改变电容的几何尺寸或改变介质的性质和含量，从而使电容量发生变化的原理制成的。主要用于压力、位移、液位、厚度、水分含量等参数的测量。

c. 电感式传感器是利用改变磁路几何尺寸、磁体位置来改变电感或互感的电感量或压磁效应原理制成的。主要用于位移、压力、振动、加速度等参数的测量。

d. 磁电式传感器是利用电磁感应原理，把被测非电量转换成电量制成的。主要用于流量、转速和位移等参数的测量。

e. 电涡流式传感器是利用金属在磁场中运动切割磁力线，在金属内形成涡流的原理制成的。主要用于位移及厚度等参数的测量。

② 磁学式传感器。磁学式传感器是利用铁磁物质的一些物理效应而制成的，主要用于位移、转矩等参数的测量。

③ 光电式传感器。光电式传感器在非电量电测及自动控制技术中占有重要的地位。它是利用光电器件的光电效应和光学原理制成的，主要用于光强、光通量、位移、浓度等参数的测量。

④ 电势型传感器。电势型传感器是利用热电效应、光电效应、霍尔效应等原理制成的，主要用于温度、磁通、电流、速度、光强、热辐射等参数的测量。

⑤ 电荷传感器。电荷传感器是利用压电效应原理制成的，主要用于力及加速度的测量。

⑥ 半导体传感器。半导体传感器是利用半导体的压阻效应、内光电效应、磁电效应、半导体与气体接触产生物质变化等原理制成的，主要用于温度、湿度、压力、加速度、磁场和有害气体的测量。

⑦ 谐振式传感器。谐振式传感器是利用改变电或机械的固有参数来改变谐振频率的原理制成的，主要用来测量压力。

⑧ 电化学式传感器。电化学式传感器是以离子导电为基础制成的，根据其电特性的形成不同，电化学传感器可分为电位式传感器、电导式传感器、电量式传感器、极谱式传感器和电解式传感器等。电化学式传感器主要用于分析气体、液体或溶于液体的固体成分、液体的酸碱度、电导率及氧化还原电位等参数的测量。

二、传感器工作原理

传感器按照类型的不同工作原理也各不相同，煤矿自动化生产线系统主要用到以下几种典型的矿用传感器。

1. 甲烷传感器

甲烷传感器在煤矿安全检测系统中用于煤矿井巷、采掘工作面、采空区、回风巷道、机电峒室等处连续监测甲烷浓度，当甲烷浓度超限时，能自动发出声、光报警，可供煤矿井下作业人员、甲烷检测人员、井下管理人员等随身携带使用，也可供上述场所固定使用。

（1）功能特点

① 具有自动调零功能；

② 标校可靠性更高，性能更稳定，使用更简单方便；

③ 采用高分辨率的单片机，测量的数值均准确可靠；

④ 开机并具有自动稳零功能；

⑤ 可选择的调试菜单结构，方便调试，操作简单。

（2）工作原理　目前我国使用的甲烷传感器大多是催化燃烧式，其元件结构是由一个带催化剂的敏感元件（俗称黑元件）和一个不带催化剂的补偿元件（俗称白元件）组成惠斯顿电桥测量电器，见图 2-2-70。

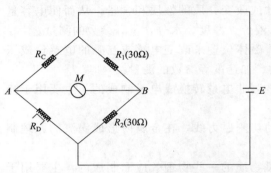

图 2-2-70　甲烷传感器电气原理图

甲烷（即井下瓦斯的主要成分）催化反应总的化学反应方程式为：

$$CH_4 + 2O_2 \xrightarrow{Pt,\ Pd} CO_2 + 2H_2O + 759.8kJ$$

图中 R_D 为敏感元件（即黑元件），R_C 为补偿元件。将 R_D 和 R_C 置于同一测量气室中，测量电桥由稳压电源式恒流源供电。在无瓦斯的新鲜空气中，$R_D \approx R_C$，调整电桥使之平衡。

信号输出端 $U_{AB}=0$。当瓦斯进入气室中时，在敏感元件 R_D 表面上催化燃烧，R_D 阻值随温度上升而增加为 $R_D + \Delta R_D$，而补偿元件 R_C 阻值不变，从而电桥失去平衡。当采用恒压电源 E 供电时，输出的不平衡电压为：

$$U_{AB} = K_1 \Delta R_D$$

式中，$K_1 = E/(R_C + R_D)$。

显然，电桥输出电压取决于敏感元件变化量 ΔR_D。甲烷传感器就是利用这一原理设计的。

甲烷传感器一般采用载体催化元件为检测元件。产生一个与甲烷的含量成比例的微弱信号，经过多级放大电路放大后产生一个输出信号，送入单片机片内 A/D 转换输入口，将此模拟量信号转换为数字信号。然后单片机对此信号进行处理，并实现显示、报警等功能。

2. 一氧化碳传感器

一氧化碳传感器是将空气中的一氧化碳浓度变量转换成有一定对应关系的输出信号的装置。

一氧化碳气体传感器与报警器配套使用，是报警器中的核心检测元件，它是以定电位电解为基本原理。当一氧化碳扩散到气体传感器时，其输出端产生电流输出，提供给报警器中的采样电路，起着将化学能转化为电能的作用。当气体浓度发生变化时，气体传感器的输出电流也随之成正比变化，经报警器的中间电路转换放大输出，以驱动不同的执行装置，完成声、光和电等检测与报警功能，与相应的控制装置一同构成了环境检测或监测报警系统。

一氧化碳传感器基本工作原理：当一氧化碳气体通过外壳上的气孔经透气膜扩散到工作电极表面上时，在工作电极的催化作用下，一氧化碳气体在工作电极上发生氧化。其化学反应式为：

W 极：$CO + H_2O \longrightarrow CO_2 + 2H^+ + 2e^-$

在工作电极上发生氧化反应产生的 H^+ 离子和电子，通过电解液转移到与工作电极保持一定间隔的对电极上，与水中的氧发生还原反应。其化学反应式为：

C 极：$1/2O_2 + 2H^+ + 2e^- \longrightarrow H_2O$

因此，传感器内部就发生了氧化-还原的可逆反应。其化学反应式为：

$$2CO + O_2 \longrightarrow 2CO_2$$

这个氧化-还原的可逆反应在工作电极与对电极之间始终发生着，并在电极间产生电位差。

但是由于在两个电极上发生的反应都会使电极极化，这使得极间电位难以维持恒定，因而也限制了对一氧化碳浓度可检测的范围。

为了维持极间电位的恒定，现加入了一个参比电极。在三电极电化学气体传感器中，其输出端所反映出的是参比电极和工作电极之间的电位变化，由于参比电极不参与氧化或还原反应，因此它可以使极间的电位维持恒定（即恒电位），此时电位的变化就同一氧化碳浓度的变化直接有关。当气体传感器产生输出电流时，其大小与气体的浓度成正比。通过电极引出线用外部电路测量传感器输出电流的大小，便可检测出一氧化碳的浓度，并且有很宽的线性测量范围。这样，在气体传感器上外接信号采集电路和相应的转换和输出电路，就能够对一氧化碳气体实现检测和监控。如图 2-2-71 所示。

3. 氧气传感器

氧气传感器是自身供电，有限扩散，其金属-空气型电池由空气阴极、阳极和电解液组成。

氧气传感器由电源电路、氧气气体敏感元件及测量电路、放大电路、A/D 转换电路、智能信号处理、显示电路、报警电路、信号输出电路等构成。电源电路将配接设备提供的电源稳压为 5V 电压，供给整机电路使用。氧气敏感元件是采用电化学原理的气体敏感元件，当通电工作时，该敏感元件输出和氧气浓度成正比的电流信号，氧气浓度越高，在阴极和阳极之间产生的电流就越大，且呈线性关系。敏感元件产生的电流信号经 I/V 转换、电压放大和 A/D 转换后，变成数字信号，进入单片机进行处理。经智能信号处理后，由显示电路显示氧气浓度值，并且经信号输出电路处理后输出电流或频率信号。报警电路由蜂鸣器、发光二极管和驱动电路构成。当氧气浓度超过设定的报警点时，仪器会

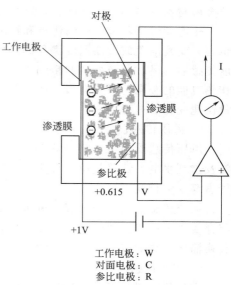

图 2-2-71　一氧化碳传感器的工作原理图

发出声光报警信号。氧气传感器简单来说是一个密封容器（金属的或塑料的容器），它里面包含有两个电极：阴极是涂有活性催化剂的一片 PTFE（聚四氟乙烯），阳极是一个铅块。这个密封容器只在顶部有一个毛细微孔，允许氧气通过进入工作电极。两个电极通过集电器被连接到传感器表面突出的两个引脚，而传感器通过这两个触角被连接到所应用的设备上。传感器内充满电解质溶液，使不同种离子得以在电极之间交换。进入传感器的氧气的流速取决于传感器顶部的毛细微孔的大小。当氧气到达工作电极时，它立刻被还原释放出氢氧根离子：

$$O_2 + 2H_2O + 4e^- \longrightarrow 4OH^-$$

这些氢氧根离子通过电解质到达阳极（铅），与铅发生氧化反应，生成对应的金属氧

化物。

$$2Pb + 4OH^- \longrightarrow 2PbO + 2H_2O + 4e^-$$

上述两个反应发生生成电流，电流大小相应地取决于氧气反应速度（法拉第定律），可外接一只已知电阻来测量产生的电势差，这样就可以准确测量出氧气的浓度。

4. 温度传感器

温度传感器是能感受温度并转换成可用输出信号的传感器。

在半导体技术的支持下，21世纪以来相继开发了半导体热电偶传感器、PN结温度传感器和集成温度传感器。与之相应，根据波与物质的相互作用规律，相继开发了声学温度传感器、红外传感器和微波传感器。

两种不同材质的导体，如在某点互相连接在一起，对这个连接点加热，在它们不加热的部位就会出现电位差。这个电位差的数值与不加热部位测量点的温度有关，和这两种导体的材质有关。这种现象可以在很宽的温度范围内出现，如果精确测量这个电位差，再测出不加热部位的环境温度，就可以准确知道加热点的温度。由于它必须有两种不同材质的导体，所以称之为热电偶。不同材质做出的热电偶使用于不同的温度范围，它们的灵敏度也各不相同。热电偶的灵敏度是指加热点温度变化1℃时，输出电位差的变化量。对于大多数金属材料支撑的热电偶而言，这个数值大约在 $5\sim40\mu V/℃$ 之间。

热电偶传感器有自己的优点和缺陷，它灵敏度比较低，容易受到环境干扰信号的影响，也容易受到前置放大器温度漂移的影响，因此不适合测量微小的温度变化。由于热电偶温度传感器的灵敏度与材料的粗细无关，用非常细的材料也能够做成温度传感器。也由于制作热电偶的金属材料具有很好的延展性，这种细微的测温元件有极高的响应速度，可以测量快速变化的过程。

5. 风压传感器

风压传感器是工业实践中最为常用的一种传感器，其广泛应用于各种工业自控环境，涉及水利水电、铁路交通、智能建筑、航空航天、军工、石化、油井、电力、船舶、机床、管道等众多行业。

风压传感器的工作原理：风压传感器的压力直接作用在传感器的膜片上，使膜片产生与介质压力成正比的微位移，使传感器的电阻发生变化，利用电子线路检测这一变化，并转换输出一个对应于这个压力的标准信号。

6. 霍尔传感器

霍尔传感器是根据霍尔效应制作的一种磁场传感器。

霍尔效应是电磁效应的一种，这一现象是美国物理学家霍尔（A. H. Hall, 1855—1938）于1879年在研究金属的导电机制时发现的。当电流垂直于外磁场通过导体时，在导体的垂直于磁场和电流方向的两个端面之间会出现电势差，这一现象就是霍尔效应。这个电势差也被称为霍尔电势差。霍尔效应使用左手定则判断。原理图如图2-2-72所示。

能产生霍尔效应的元件称霍尔元件，它是由半导体材料制成的薄片，若在其两端通过控制电流 I，并在薄片的垂直方向上施加磁感应强度为 B 的磁场，那么在垂直于电流和磁场的方向上将产生电动势 U_H，能够实现这一现象的元件为霍尔元件。

其成因可由带电粒子在磁场中所受的洛伦兹力来解释。

假设在N型半导体薄片中通以控制电流 I，那么半导体内的载流子（电子）将沿着电流相反的方向运动，若在垂直于半导体薄片平面的方向上加以 B，则由于洛伦兹力（用左手来判断）的作用，电子向一边偏转，并使该边积累电子，而另一边则积累正电荷，于是产生电场。该电场阻止电子的继续偏转，当作用在电子上的电场力与洛伦兹力相等时，电子的积累达动态平衡。这时，在薄片两端之间建立的电场称霍尔电场，相应的电动势称霍尔电动势 U_H。

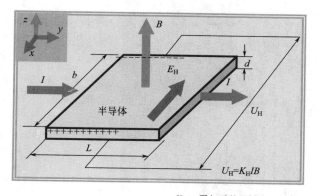
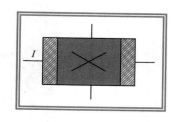

K_H—霍尔元件灵敏度；
U_H—霍尔电势

图 2-2-72 霍尔效应原理图

由公式可知，霍尔电压在 I 与 K_H 一定的情况下，与磁感应强度 B 成正比。该法形成一线性不均匀电场，由于被测物的位移，使霍尔元件在磁场中产生位移，这时将输出一个与位移大小呈正比的霍尔电动势。由于磁场是线性分布的，所以霍尔元件的输出电压随位移的变化也是线性的，实现了 $\Delta X \rightarrow \Delta U_H$ 的转换。

霍尔传感器的工作原理：由霍尔效应的原理知，霍尔电势的大小取决于：R_H 为霍尔系数，它与半导体材质有关；I_C 为霍尔元件的偏置电流；B 为磁场强度；d 为半导体材料的厚度。

对于一个给定的霍尔器件，U_H 将完全取决于被测的磁场强度 B。如图 2-2-73 所示。

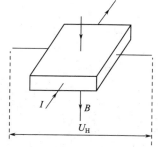

图 2-2-73 U_H 与磁场强度 B 的关系

一个霍尔元件一般有 4 个引出端子，其中两个是霍尔元件的偏置电流 I_C 的输入端，另两个是霍尔电压的输出端。如果两输出端构成外回路，就会产生霍尔电流。一般的说，偏置电流的设定通常由外部的基准电压源给出；若精度要求高，则基准电压源均用恒流源取代。为了达到高的灵敏度，有的霍尔元件的传感面上装有高磁导率的坡莫合金；这类传感器的霍尔电势较大，但在 0.05T 左右出现饱和，仅适合在低量限、小量程下使用。

三、传感器安装、接线及调试

在之前的课程学习中，已经将煤矿自动化生产系统中典型矿用传感器理论知识进行了讲解，本次学习任务要举例讲解常用的典型矿用传感器的安装、接线及调试。

1. 甲烷传感器

举例：KG9701A 型智能低浓度甲烷传感器（如图 2-2-74 所示）。

（1）功能及应用

① 瓦斯浓度显示；

② 超限声光报警；

③ 就地断电控制；

④ 可以连续检测并转换成标准电信号输送给关联设备。

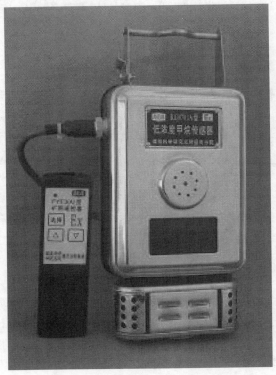

图 2-2-74 KG9701A 型甲烷传感器

（2）接线 将来自分站的专用电缆航空插头按对应位置插入传感器上的航空插座，并旋紧固定。电缆航空插头的接线为：1 号口——电源正极，红色线；2 号口——电源负极，蓝色线；3 号口——恒流或频率信号输出，白色线；4 号口——恒流断电控制信号输出，绿色线。如图 2-2-75 所示。

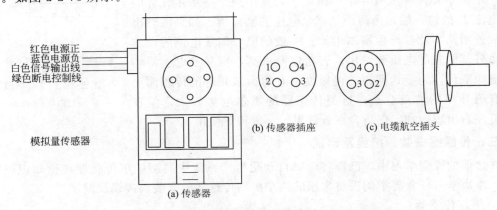

图 2-2-75 传感器接线图

（3）调校

① 零点调节：传感器通电工作预热 20min。按遥控器上的"选择"键使小数码管显示为"1"。然后按"▲"或"▼"键使大数码管显示为"0.00"，即调零完毕。

② 精度调节：在地面新鲜空气中，通入每分钟 200mL 的标准气体（如：2.0％CH4）。

按遥控器上的"选择"键使小数码管显示为"2"，再按"▲"键或"▼"键使大数码管显示数值与标准气体浓度值一致。

③ 报警点设置：按遥控器上的"选择"键使小数码管显示为"3"，再按"▲"键或"▼"键使大数码管显示数值为所要设置的报警值（如掘进工作面放置的瓦斯传感器应设置为1.00）。

④ 断电值设置：按遥控器上的"选择"键使小数码管显示为"4"，再按"▲"键或"▼"键使大数码管显示数值为所要设置的断电值。

⑤ 自检：按遥控器上的"选择"键使小数码管显示为"5"，此时传感器的显示值应为"2.00"，对应的输出信号值应为360Hz或1.80mA。

注意：传感器参数调节后，必须在断电之前，按遥控器上的"选择"键使小数码管的显示值循环至消隐，修改后的参数才能存入传感器的存储器内。否则，此次调校无效。

2. 一氧化碳传感器

举例：GTH500（B）型一氧化碳传感器［原KG9201、GT500（A）］，如图2-2-76所示。

（1）功能及应用

① 能连续监测和就地显示一氧化碳浓度值，并在超限时发出声光报警；

② 可与监控系统配套使用。

（2）连接　将来自分站的专用电缆航空插头按对应位置插入传感器上的航空插座，并旋紧固定。电缆航空插头的接线为：

1号口——电源正极，红色线；

2号口——电源和信号负极，蓝色线；

3号口——恒流或频率信号输出，白色线；

4号口——恒流断电控制信号输出，绿色线。

（3）调校

① 零点调节：在新鲜空气中使传感器通电预热20min，按遥控器上"选择"键使小数码管显示为"1"，然后同时按"▲"键和"▼"键使大数码管显示为"0.00"，即调零完毕。

图2-2-76　一氧化碳传感器外形图

② 精度调节：按遥控器上"选择"键使小数码管显示为"2"，通入浓度为200×10^{-6}的标准一氧化碳气体，气体流量控制在200mL/min，再按"▲"或"▼"键使大数码管显示数值与标准气体数值一致。

③ 报警调节：按遥控器上"选择"键使小数码管显示为"3"，然后分别按"▲"或"▼"键调节。

④ 自检：按遥控器上"选择"键使小数码管显示为"4"，此时传感器应显示200×10^{-6}，对应的输出信号为520Hz（或2.6mA）。

注意：

① 传感器参数调节后，必须在断电之前，按遥控器上的"选择"键使小数码管的显示值循环至消隐，修改后的参数才能存入传感器的存储器内。否则，此次调校无效。

② 仪器零点、精度要定期调校，一般15天一次。

3. 氧气传感器

举例：GYH25 型矿用氧气传感器（如图 2-2-77 所示）。

（1）功能及应用

① 现场监测显示功能：传感器主要用于监测现场氧气含量，并将监测结果现场显示出来。

② 现场报警功能：当传感器测量得氧气含量超过设定值时，发出报警信号。

③ 信号输出功能：将现场采集到的氧气浓度转化成与浓度成比例关系的频率信号和电流信号传送给其他自动化设备处理。

（2）接线

① 传感器安装前，请不要接通电源，安装无误后方可通电，以避免损坏仪器。

② 将传感器垂直悬挂使用，避开有滴水、冲击振动和磁场干扰的场所。

③ 传感器气体采样口的一端为待监测气体的进气端，可采用软管将待监测气体导入传感器气体采样口，另一端与大气相通，以保证气体有一定的流动性，提高反应速度。

④ 由图 2-2-78 所示的信号输出口是一个 4 芯不锈钢防水插座，其功能是为传感器提供本安电源，同时输出监测信号，具体连接参照表 2-2-2 所述接线。

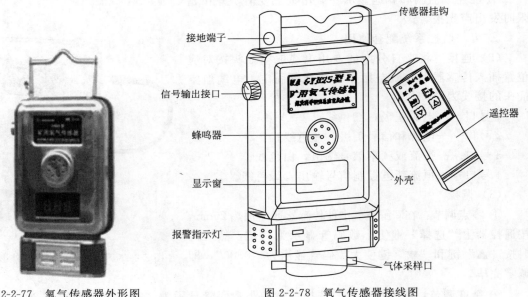

图 2-2-77　氧气传感器外形图　　　　　图 2-2-78　氧气传感器接线图

表 2-2-2　4 芯不锈钢插座接线

4 芯插头	1	2	3	4
意义	电源	地	频率信号 200~1000Hz	电流信号 1~5mA

⑤ 接地端子必须与大地可靠接地。

（3）调校

① 数码管显示。按照表 2-2-2 所述的方式正确接线后，给电源电压通电，传感器如果正常工作，则显示当前氧气浓度值（体积百分含量，单位：%）。

② 指示灯显示。显示窗数码管下面还有两个指示灯：

左边一个是电源指示灯"亮"表示有电"暗"表示没电。

右边一个为工作状态指示灯"闪烁"表示传感器正常工作；"不闪烁"表示传感器故障。

③ 声光报警。当传感器监测氧气浓度超过或低于某一浓度值时，传感器将发出声光报警信号。

④ 故障指示。当传感器氧气敏感元件发生故障时，数码管将显示 OFF 标志。

⑤ 信号输出。正常工作条件下，传感器输出与氧气浓度成比例关系的频率信号（200~1000Hz）和电流信号（1~5mA）。

⑥ 遥控器操作。当正确连线后，通电，遥控调校。调校内容包括准确度调校、报警调校，其中准确度调校在出厂前已经精密调校，一般来说不用调校了，没有标准气样，请不要随意调校该项目，报警调校可以根据现场需要任意调整，第一次使用时，只需根据需要调校报警参数。

在正常工作状态下：

① 同时按下遥控器"△＋▽"键，进入"报警调校"状态；

② 同时按下遥控器"选择＋▽"键，将进入"零点调校"状态；

③ 同时按下遥控器"选择＋△"键，将进入"满度调校"状态。

若不小心进入"准确度调校"状态（数码管显示 VERI），请同时按下遥控器"选择＋▽"键，或者"选择＋△"键返回正常工作状态。

4. 温度传感器

举例：GW50（A）温度传感器（如图 2-2-79 所示）。

（1）功能及应用

① 显示功能：传感器具有 4 位数码管显示功能，其分辨率为 0.01m。

② 传感器具有声光报警功能。

③ 传感器具有断电控制信号输出功能，断电点应能在测量范围内任意设置，断电点与设定值的差值应不大于 ±0.05m，输出信号为高电平，拉出电流为 2mA 时电压幅度大于 3V，低电平小于 0.5V。

（2）连接 将来自分站的专用电缆航空插头按对应位置插入传感器上的航空插座，并旋紧固定。电缆航空插头的接线为：

1 号口——电源正极，红色线；

2 号口——电源、信号负极，蓝色线；

3 号口——恒流或频率信号输出，白色线；

4 号口——绿色线（未用）。

（3）调校

① 零点调节：使传感器通电工作 20min，将测温头放入冰水混合物中。打开机壳后盖，按动"选择"键使小数码管显示为"1"。然后调节 P1 电位器，使大数码管显示为"0.00"，即调零完毕。

② 精度调节：按遥控器上"选择"键使小数码管显示为"2"，再按"▲"或"▼"使

图 2-2-79 温度传感器外形图

大数码管显示数值与实际温度值一致。

③ 自检：按遥控器上"选择"键使小数码管显示为"3"，此时传感器应显示"30.0"，对应输出信号为680Hz（或3.4mA）。

仪器零点、精度要定期调校，一般一月一次。

5. 风压传感器

举例：GF系列风流压力传感器（如图2-2-80所示）。

（1）功能及应用

① 煤矿井下巷道及瓦斯抽放管道负压（差压）的连续实时监测。

② 监测风压变化、保证矿井正常通风、配风及瓦斯抽放管路安全及监测老塘漏风保证隔墙密闭质量的重要设备。

③ 有多种量程范围、多种输出信号制式。型号及测量范围如表2-2-3所示。

适用范围：井下巷道或瓦斯抽放管路。

原理：压阻式（硅膜片扩散电阻全桥）。

图 2-2-80 风压传感器外形图

表 2-2-3 风压传感器型号及测量范围

型 号	测 量 范 围
GF100F（A）	$-100 \sim 0kPa$
GF100Z（A）	$0 \sim 100kPa$
GF5F（A）	$-5 \sim 0kPa$
GF5Z（A）	$0 \sim 5kPa$

（2）连接 1号口——电源正极，红色线；2号口——电源负极、信号，黑色线；3号口——恒流或频率信号输出，黄色线；4号口（未用）——绿色线。

（3）调校

① 零点调节：将负压传感头直接放置在空气中，通电预热20min，若读数不为零，则调零。打开后盖，按"选择"键使小数码管显示为"1"，然后调节电位器P1，使大数码管显示为"0.00"，即可。

② 精度调节：按遥控器上的"选择"键，使小数码管显示为"2"后再调。

③ 量程设置：设置值应与传感器的量程相对应，一般设为100。

在传感器设置量程≤100时，分站相对应的输入口量程应设为100；

在传感器设置量程＞100时，分站相对应的输入口量程应设为200。

6. 霍尔传感器

举例：GT-L（A）型设备开停传感器（如图2-2-81

图 2-2-81 GT-L（A）型设备开停
传感器

所示）。

（1）功能及应用

① 机电设备（如采煤机、运输机、局扇、水泵等）开、停状态的连续实时监测。

② 可输出多种信号制供选择，其中 1/5mA DC 信号，可以电源与信号线共用，二芯线无极性（任意）四线并轨连接。可与 KJ90 等各种监控系统配套使用。

③ 适于煤矿等具有瓦斯煤尘爆炸危险场所的各种机电设备开、停状态的连续实时监测。

（2）连接　1号口——电源正极，红色线；2号口——电源负极、信号，黑色线；3号口——恒流或频率信号输出，白色线；4号口（未用）——绿色线。

（3）调校　灵敏度调节：

高：拨码 1、2 至 OFF，适于负载电流 5～10A 的设备；

中：拨码 1 至 ON，2 至 OFF，适于负载电流 10～20A 的设备；

低：拨码 1 至 OFF、2 至 ON，适于负载电流 >20A 的设备。

四、三菱 FX 系列 PLC N∶N 通信认知

煤矿自动化生产线系统的控制方式采用每一工作单元由一台 PLC 承担其控制任务，各 PLC 之间通过 RS-485 串行通信实现互连的分布式控制方式。组建成网络后，系统中每一个工作单元也称作工作站。

三菱 FX 系列 PLC 支持以下 5 种类型的通信。

（1）N∶N 网络：用 FX2N、FX2NC、FX1N、FX0N 等 PLC 进行的数据传输可建立在 N∶N 的基础上。使用这种网络，能连接小规模系统中的数据。它适合于数量不超过 8 个的 PLC（FX2N、FX2NC、FX1N、FX0N）之间的互联。

（2）并行连接：这种网络采用 100 个辅助继电器和 10 个数据寄存器在 1∶1 的基础上来完成数据传输。

（3）计算机连接（用专用协议进行数据传输）：用 RS-485（422）单元进行的数据传输在 1∶n(16) 的基础上完成。

（4）无协议通信（用 RS 指令进行数据传输）：用各种 RS-232 单元，包括个人计算机、条形码阅读器和打印机，来进行数据通信，可通过无协议通信完成，这种通信使用 RS 指令或者一个 FX2N-232IF 特殊功能模块。

（5）可选编程端口：对于 FX2N、FX2NC、FX1N、FX1S 系列的 PLC，当该端口连接在 FX1N-232BD、FX0N-232ADP、FX1N-232BD、FX2N-422BD 上时，可以和外围设备（编程工具、数据访问单元、电气操作终端等）互联。

PLC 网络的具体通信模式，取决于所选厂家的 PLC 类型。本书的标准配置为：若 PLC 选用 FX 系列，通信方式则采用 N∶N 网络通信。

五、PLC 网络接口模块认知与选用

在单片机及其计算机系统中，微处理器与外部设备的通信方式一般有并行通信模式与串行通信模式两种。微处理器与内存、硬盘、光驱等外设之间的数据传递一般都采用并行通信标准，在并行通信中，一个数据位需要一个数据线，因此并行通信只适合于近距离的通信。

当数据位较多或者传递距离远的时候，串行通信的优点便显示出来了：串行通信只需要两根传输线，能够节省数据传输线，并能够保证长距离数据通信的可靠性。串行通信与

并行通信相比的主要缺点是传送速度比并行通信慢。

　　串行通信中，按照通信数据的同步方式，可以分为同步串行通信与异步串行通信。串行同步通信通过两个通信设备之间的共有时钟信号进行通信的同步，而异步通信并不需要两个通信设备之间有共同的时钟信号，但是要求通信双方以同样的比特速率发送数据。在常用的单片机通信模式中，SPI 属于同步串行通信，而 RS-232 属于异步串行通信。

　　在异步串行通信中，数据一般以字节为单位进行传送。发送端一个字节一个字节地发送数据，通过传输线，接收设备一个字节一个字节地接收。发送端和接收端各有独立的时钟控制数据的发送和接收，两个时钟源是独立的，相互并不需要同步。

　　FX 系列 PLC 与上位机软件的通信方式分为：RS-232 与 RS-485 两种模式。

（一）RS-232 模块认知与选用

1. RS-232 通信接口

RS-232 是美国电子工业协会（EIA）于 1960 年发布的串行通信标准接口，至今已经成为异步串行通信中应用最为广泛的通信标准之一。这个标准包括了按位串行传输的电气和机械方面的规定，以及适合短距离或带调制解调器通信场合的标准。为了提高数据传输率和通信距离，在 RS-232 串行通信标准接口的基础上，经过逐步完善和发展，EIA 又公布了 RS-449、RS-422、RS-423 和 RS-485 串行总线通信标准，这些标准都被广泛地应用到了各种工业嵌入式系统中。

2. RS-232 通信协议

目前，RS-232 已经成为 PC 机与通信工业中应用最广泛的串行通信接口之一，尽管近年来随着 USB 技术的成熟与发展，RS-232 串口的地位将逐步被 USB 接口协议取代，但是在工业控制与嵌入式系统中，RS-232 串行通信以其低廉的实现价格，较长的通信距离，优异的抗干扰能力，仍然占有十分大的应用比例。

3. RS-232 通信接口定义

在最初的 RS-232C 版本中，一个完整的 RS-232 接口有 22 根线，采用标准的 25 芯插头座，一般接法如图 2-2-82 所示。

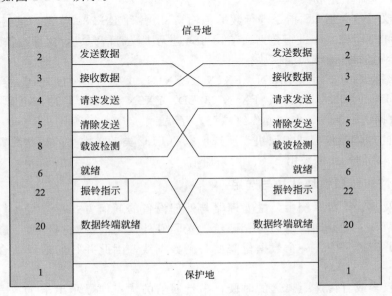

图 2-2-82　RS-232C 接线图

4. RS-232 接口芯片 MAX232

由于单片机采用的是 TTL 电平，而接 RS-232 通信的典型工作电平为＋3～＋12V 与－3～－12V，是不能够直接和单片机进行连接的，否则有可能损害单片机，因此，要实现单片机和计算机之间的 RS-232 通信，就必须采用相应的接口芯片。

MAX232 产品是由美国 Maxim 推出的一款兼容 RS-232 标准的芯片，该器件包含 2 驱动器、2 接收器和一个电压发生器电路提供 TIA/EIA-232-F 电平，该器件符合 TIA/EIA-232-F 标准，每一个接收器将 TIA/EIA-232-F 电平转换成 5V TTL/CMOS 电平，每一个发送器将 TTL/CMOS 电平转换成 TIA/EIA-232-F 电平，有从贴片到直插等不同类型的封装供选择。

（二）RS-485 模块认知与选用

1. RS-485 结构

为便于远距离通信，三菱 FX2N 系列 PLC 通过 FX2N-485-BD 模块实现 RS-485 方式与 WebAccess 软件通信，安装 FX2N-485-BD 需设置 PLC 的 D8120 寄存器，请参照《FX 通信用户手册》。FX2N-485-BD 通信模块及接线图如图 2-2-83 所示。

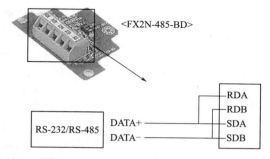

图 2-2-83　FX2N-485-BD 模块及接线图

2. RS-485 通信

（1）通信接口方式：

RS-485 接口：异步，半双工，串行。

（2）数据格式：

1 位起始位、8 位数据位、1 位停止位、无校验；

1 位起始位、8 位数据位、1 位停止位、奇校验；

1位起始位、8位数据位、1位停止位、偶校验。

（3）波特率：1200bps、2400bps、4800bps、9600bps、19200bps、38400bps、125kbps。

（4）当与现场总线适配器PROFIBUS连接时采用默认数据格式，如图2-2-84所示。

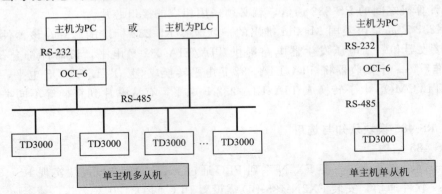

图 2-2-84 现场总线适配器 PROFIBUS 连接

（5）通信方式。采用主机"轮询"，从机"应答"的点对点通信方式，变频器为从机。主机使用广播地址发送命令时，从机不允许应答。

从机在最近一次对主机轮询的应答帧中上报当前故障信息。

（6）通信准备。用从机键盘设置变频器串行接口通信参数：本机地址、波特率、数据格式。

具备 RS-232 的主机可以使用通信接口转换器（OCI-6A）完成到 RS-485 的转换。

（7）数据帧结构。

帧头：起始字节、从机地址。

帧尾：校验数据（异或校验）。

用户数据：参数数据和过程数据两部分。

参数数据：功能码操作命令/响应、功能码号、功能码设定/实际值。在短帧中没有参数数据。

过程数据：主机控制命令/从机状态响应、主机运行主设定/从机运行实际值。

数据帧格式如图 2-2-85 所示。

起始字节 （字节）	从机地址 （字节）	功能码操作 命令/响应 （字节）	功能码号 （字节）	功能码设 定/实际值 （字）	控制/状 态字 （字）	主设定/ 实际值 （字）	异或校验 （字节）
		参数数据			过程数据		
帧头		用户数据					帧尾

图 2-2-85 数据帧格式示意图

（8）特殊报文（起始字节＝68H），用于获取从站的软件版本和机器型号，如图 2-2-86 所示。

（9）短帧（起始字节＝7EH）。如图 2-2-87 所示。

（10）长帧（起始字节＝02H）。如图 2-2-88 所示。

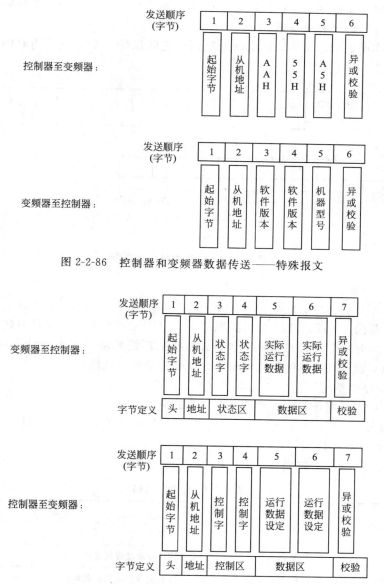

图 2-2-86 控制器和变频器数据传送——特殊报文

图 2-2-87 控制器和变频器数据传送——短帧

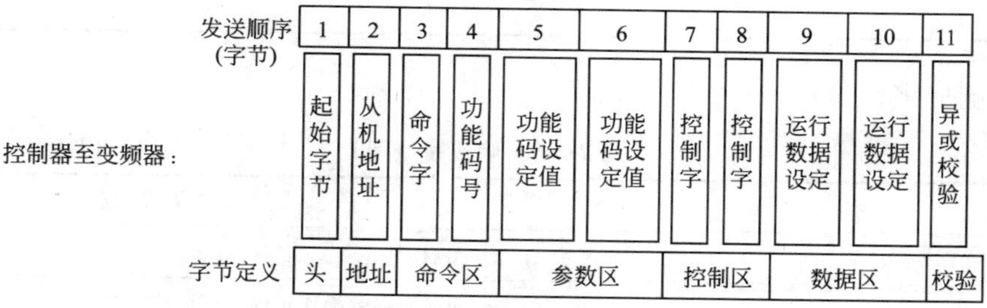

图 2-2-88 控制器和变频器数据传送——长帧

（11）帧头：一个字节。

帧头是主机发布命令或从机回应主机响应的第一个字节，不论是主机还是从机，都在收到该字节后开始记录有效数据。

为确保能准确识别报文头，要求两个通信帧之间保持 2 个字节传输时间以上的总线空闲时间。如图 2-2-89 所示。

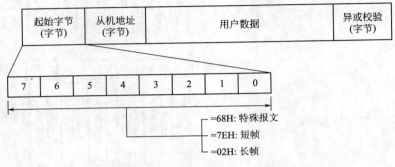

图 2-2-89 数据帧格式示意图

（12）从机地址。

数据含义：从机的本机地址。

从机地址范围 2～126，127 为广播地址，0、1 号地址保留。从站数目超出 29 个，要求使用中继器，同时中继器将占用从机数目。从机的群组地址与本机地址不同时使用。地址字节最高位为 0 表示是本机的单机地址，为 1 表示是群组地址。

（13）命令字（响应字）＋功能码号（2 个字节，16bit）。

数据含义：主机发送的命令或从机对命令的应答。

功能码组号范围 0～16（bit8～bit11），功能码的范围 0～99（bit0～bit7），参见 TD3000 先发高字节，再发低字节的原则。

（14）命令字（码）。如表 2-2-4 所示。

表 2-2-4 命令字（码）

命令字（码）	功能描述
0	无任务
1	请求读取功能码参数数据
2	请求更改功能码参数数据
14	请求更改功能码参数并存储至 EEPROM
3～13，15	预留

（15）响应字（码）。如表 2-2-5 所示。

表 2-2-5 响应字（码）

响应字（码）	内容描述
0	无响应
1	功能码参数操作正确（读取或更改）
2～6	预留

续表

响应字（码）	内 容 描 述
7	无法执行，错误信息用功能码实际值的低字节表示（此时并不返回功能码值）
8～15	预留

（16）功能码设定/实际值（2个字节，16bit）。

对应功能码号的参数值或错误参数代码。当功能码操作正确时，功能码的实际返回值用一个字（2个字节）表示；如果功能码操作不正确则用低字节返回操作错误代码，此时高字节为0；遵循先发高字节，再发低字节的原则。如图2-2-90所示。

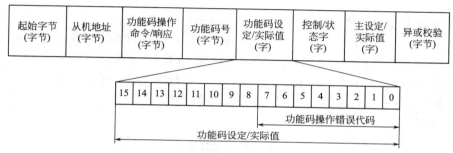

图 2-2-90　数据帧格式——功能码

（17）控制/状态字（2个字节，16bit）。如图2-2-91所示。

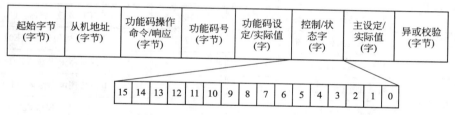

图 2-2-91　数据帧格式——状态字

（18）控制字定义。如表2-2-6所示。

表 2-2-6　控制字含义

控制字（位）	值	含　义	功 能 描 述
bit0	1	运行命令	启动变频器
	0	方式0停车	减速停车
bit1	1	方式1停车命令无效	
	0	方式1停车命令	变频器自由停车
bit2	1	方式2停车命令无效	
	0	方式2停车命令	以所能达到的最快方式停车
bit3	1	变频器输出允许	
	0	变频器输出禁止	封锁PWM输出
bit5	1	给定积分器工作允许	允许给定积分器工作
	0	给定积分器工作禁止	停止给定积分器工作，并保持当前的给定积分器输出

控制字（位）	值	含　义	功　能　描　述
bit6	1	频率设定有效	
	0	频率设定无效	频率设定值无效，频率设定值清0
bit7	0→1	故障复位	故障复位。如果故障仍存在则变频器进入禁止工作状态
	0	无意义	
bit8	1	点动正转	
	0	点动正转停止	

（19）运行数据设定值/运行数据实际值（16bit）。

运行数据设定值由用户根据控制要求来设定，通过设定功能码的形式来实现。

包括：运行设定频率、设定转速、设定线速度、闭环设定等。

运行数据实际值是由设定值来决定，如：实际运行频率、实际转速等。

当状态字反映出运行故障时，实际值将为故障代号。

（20）故障代号。如表2-2-7所示。

表 2-2-7　故障含义

故 障 代 号	故 障 含 义	故 障 代 号	故 障 含 义
0	无故障	15	外部设备故障（E015）
1	变频器加速运行过电流（E001）	16	EEPROM 读写错误（E016）
2	变频器减速运行过电流（E002）	17	RS485 通信错误（E017）
3	变频器恒速运行过电流（E003）	18	接触器未吸合（E018）
4	变频器加速运行过电压（E004）	19	电流检测电路故障（E019）
5	变频器减速运行过电压（E005）	20	CPU 错误（E020）
6	变频器恒速运行过电压（E006）	21	模拟闭环反馈断线故障（E021）
7	变频器控制过电压（E007）	22	外部电压/电流给定信号断线故障（E022）
8	输入侧缺相（E008）	23	键盘 EEPROM 读写错误（E023）
9	输出侧缺相（E009）	24	调谐错误（E024）
10	功率模块故障（E010）	25	编码器错误（E025）
11	功率模块散热器过热（E011）	26	变频器掉载（E026）
12	整流桥散热器过热（E012）	27	制动单元故障（E027）
13	变频器过载（E013）	28	参数设定错误（E028）
14	电机过载（E014）	29	保留（E029）

（21）校验和。

数据含义：数据帧校验和计算结果。

数据类型：十六进制，单字节。

计算方法：连续异或。

六、PLC 网络接口模块通信特点

N：N 网络建立在 RS485 传输标准上，网络中必须有一台 PLC 为主站，其他 PLC 为从站，网络中站点的总数不超过 8 个。图 2-2-92 所示是 N：N 网络配置。

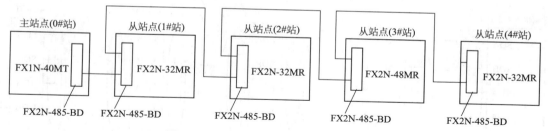

图 2-2-92　系统中 N：N 通信网络的配置

系统中使用的 RS-485 通信接口板为 FX2N-485-BD 和 FX1N-485-BD，最大延伸距离 50m，网络的站点数为 5 个。

N：N 网络的通信协议是固定的：通信方式采用半双工通信，波特率（bps）固定为 38400bps；数据长度、奇偶校验、停止位、标题字符、终结字符以及和校验等也均是固定的。

N：N 网络是采用广播方式进行通信的：网络中每一站点都指定一个用特殊辅助继电器和特殊数据寄存器组成的链接存储区，各个站点链接存储区地址编号都是相同的。各站点向自己站点链接存储区中规定的数据发送区写入数据。网络上任何 1 台 PLC 中的发送区的状态会反映到网络中的其他 PLC，因此，数据可供通过 PLC 链接连接起来的所有 PLC 共享，且所有单元的数据都能同时完成更新。

七、N：N 通信网络安装及调试

网络安装前，应断开电源。各站 PLC 应插上 485-BD 通信板。它的 LED 显示/端子排列如图 2-2-93 所示。

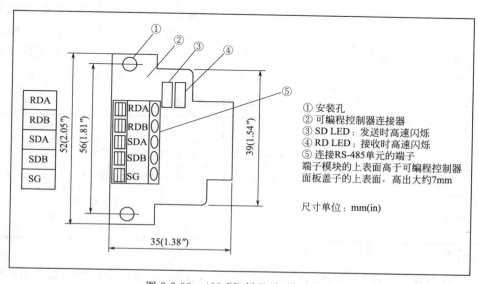

① 安装孔
② 可编程控制器连接器
③ SD LED：发送时高速闪烁
④ RD LED：接收时高速闪烁
⑤ 连接 RS-485 单元的端子
端子模块的上表面高于可编程控制器面板盖子的上表面，高出大约 7mm

尺寸单位：mm(in)

图 2-2-93　485-BD 板显示/端子排列

N：N 连接网络，各站点间用屏蔽双绞线相连，如图 2-2-93 所示，接线时须注意终端站

要接上 110Ω 的终端电阻（485-BD 板附件）。

进行网络连接时应注意：

① 图 2-2-94 中，R 为终端电阻。在端子 RDA 和 RDB 之间连接终端电阻（110Ω）。

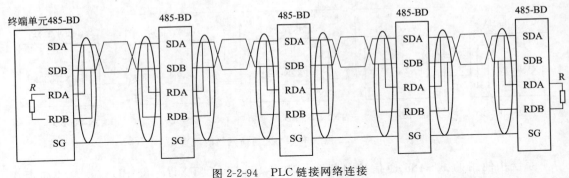

图 2-2-94　PLC 链接网络连接

② 将端子 SG 连接到可编程控制器主体的每个端子，而主体用 100Ω 或更小的电阻接地。

③ 屏蔽双绞线的线径应在英制 AWG26～16 范围，否则由于端子可能接触不良，不能确保正常的通信。连线时宜用压接工具把电缆插入端子，如果连接不稳定，则通信会出现错误。

如果网络上各站点 PLC 已完成网络参数的设置，则在完成网络连接后，再接通各 PLC 工作电源，可以看到，各站通信板上的 SD LED 和 RD LED 指示灯两者都出现点亮/熄灭交替的闪烁状态，说明 N：N 网络已经组建成功。

如果 RD LED 指示灯处于点亮/熄灭的闪烁状态，而 SD LED 没有（根本不亮），这时须检查站点编号的设置、传输速率（波特率）和从站的总数目。

八、组建 N：N 通信网络

FX 系列 PLC N：N 通信网络的组建主要是对各站点 PLC 用编程方式设置网络参数实现的。FX 系列 PLC 规定了与 N：N 网络相关的标志位（特殊辅助继电器）和存储网络参数和网络状态的特殊数据寄存器。当 PLC 为 FX1N 或 FX2N（C）时，N：N 网络的相关标志（特殊辅助继电器）如表 2-2-8 所示，相关特殊数据寄存器如表 2-2-9 所示。

表 2-2-8　特殊辅助继电器

特　　性	辅助继电器	名　　称	描　　述	响 应 类 型
R	M8038	N：N 网络参数设置	用来设置 N：N 网络参数	M，L
R	M8183	主站点的通信错误	当主站点产生通信错误时 ON	L
R	M8184～M8190	从站点的通信错误	当从站点产生通信错误时 ON	M，L
R	M8191	数据通信	当与其他站点通信时 ON	M，L

注：R 只读；W 只写；M 主站点；L 从站点。

在 CPU 错误，程序错误或停止状态下，对每一站点处产生的通信错误数目不能计数。M8184～M8190 是从站点的通信错误标志，第 1 从站用 M8184，…第 7 从站用 M8190。

表 2-2-9　特殊数据寄存器

特殊数据寄存器特性	数据寄存器	名　称	描　述	响应类型
R	D8173	站点号	存储它自己的站点号	M，L
R	D8174	从站点总数	存储从站点的总数	M，L
R	D8175	刷新范围	存储刷新范围	M，L
W	D8176	站点号设置	设置它自己的站点号	M，L
W	D8177	从站点总数设置	设置从站点总数	M
W	D8178	刷新范围设置	设置刷新范围模式号	M
W/R	D8179	重试次数设置	设置重试次数	M
W/R	D8180	通信超时设置	设置通信超时	M
R	D8201	当前网络扫描时间	存储当前网络扫描时间	M，L
R	D8202	最大网络扫描时间	存储最大网络扫描时间	M，L
R	D8203	主站点通信错误数目	存储主站点通信错误数目	L
R	D8204～D8210	从站点通信错误数目	存储从站点通信错误数目	M，L
R	D8211	主站点通信错误代码	存储主站点通信错误代码	L
R	D8201～D8218	从站点通信错误代码	存储从站点通信错误代码	M，L

注：R 只读；W 只写；M 主站点；L 从站点，在 CPU 错误，程序错误或停止状态下，对其自身站点处产生的通信错误数目不能计数。D8204～D8210 是从站点的通信错误数目，第 1 从站用 D8204，…第 7 从站用 D8210。

在表 2-2-8 中，特殊辅助继电器 M8038（N：N 网络参数设置继电器，只读）用来设置 N：N 网络参数。

对于主站点，用编程方法设置网络参数，就是在程序开始的第 0 步（LD M8038），向特殊数据寄存器 D8176～D8180 写入相应的参数，仅此而已。对于从站点，则更为简单，只需在第 0 步（LD M8038）向 D8176 写入站点号即可。如图 2-2-95 所示。

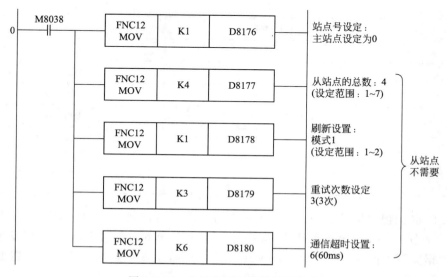

图 2-2-95　主站点网络参数设置程序

上述程序说明如下：

(1) 编程时注意，必须确保把以上程序作为 N：N 网络参数设定程序从第0步开始写入，在不属于上述程序的任何指令或设备执行时结束。这程序段不需要执行，只需把其编入此位置时，它自动变为有效。

(2) 特殊数据寄存器 D8178 用作设置刷新范围，刷新范围指的是各站点的链接存储区。对于从站点，此设定不需要。根据网络中信息交换的数据量不同，可选择如表 2-2-10（模式 0、模式 1），表 2-2-11（模式 2）所示的三种刷新模式。在每种模式下使用的元件被 N：N 网络所有站点所占用。

表 2-2-10　模式 0 、1 站号与字元件对应表

站点号（模式 0）	元 件		站点号（模式 1）	元 件		站点号
	位软元件（M）	字软元件（D）		位软元件（M）	字软元件（D）	
	0 点	4 点		32 点	4 点	
第 0 号		D0～D3	第 0 号	M1000～M1031	D0～D3	
第 1 号		D10～D13	第 1 号	M1064～M1095	D10～D13	
第 2 号		D20～D23	第 2 号	M1128～M1159	D20～D23	
第 3 号		D30～D33	第 3 号	M1192～M1223	D30～D33	
第 4 号		D40～D43	第 4 号	M1256～M1287	D40～D43	
第 5 号		D50～D53	第 5 号	M1320～M1351	D50～D53	
第 6 号		D60～D63	第 6 号	M1384～M1415	D60～D63	
第 7 号		D70～D73	第 7 号	M1448～M1479	D70～D73	

表 2-2-11　模式 2 站号与位、字元件对应表

站 点 号	元 件	
	位软元件（M）	字软元件（D）
	64 点	4 点
第 0 号	M1000～M1063	D0～D3
第 1 号	M1064～M1127	D10～D13
第 2 号	M1128～M1191	D20～D23
第 3 号	M1192～M1255	D30～D33
第 4 号	M1256～M1319	D40～D43
第 5 号	M1320～M1383	D50～D53
第 6 号	M1384～M1447	D60～D63
第 7 号	M1448～M1511	D70～D73

在图 2-2-96 的程序例子里，刷新范围设定为模式 1。这时每一站点占用 32×8 个位软元件，4×8 个字软元件作为链接存储区。在运行中，对于第 0 号站（主站），希望发送到网络的开关量数据应写入位软元件 M1000～M1063 中，而希望发送到网络的数字量数据应写入字软元件 D0～D3 中，……对其他各站点如此类推。

(3) 特殊数据寄存器 D8179 设定重试次数，设定范围为 0～10（默认＝3），对于从站点，此设定不需要。如果一个主站点试图以此重试次数（或更高）与从站通信，此站点将发生通信错误。

（4）特殊数据寄存器 D8180 设定通信超时值，设定范围为 5～255（默认＝5），此值乘以 10ms 就是通信超时的持续驻留时间。

（5）对于从站点，网络参数设置只需设定站点号即可。如图 2-2-96 所示。

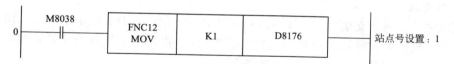

图 2-2-96　从站点网络参数设置程序示例

如果按上述对主站和各从站编程，完成网络连接后，再接通各 PLC 工作电源，即使在 STOP 状态下，通信也将进行。

九、规划通信数据

对于一个分布式控制的自动生产线，在设计它的整体控制程序时，应首先从它的系统性着手，通过组建网络，规划通信数据，使系统组织起来。然后根据各工作单元的工艺任务，分别编制各工作站的控制程序。

通过分析要求可以看到，网络中各站点需要交换信息量并不大，可采用模式 1 的刷新方式。各站通信数据的位数据如表 2-2-12～表 2-2-14 所示。这些数据位分别由各站 PLC 程序写入，全部数据为 N：N 网络所有站点共享。

表 2-2-12　采煤机主站（0＃站）

数据位定义 输送站位地址	数据意义	备　注
M1000	全线运行	
M1002	允许采煤	
M1003	全线急停	
M1007	HMI 联机	
M1012	请求采煤	
M1015	允许运输	

表 2-2-13　液压支架站（1＃站）

数据位定义 供料站位地址	数据意义
M1064	初始态
M1065	支架信号
M1066	联机信号
M1067	运行信号

表 2-2-14　运输站（2＃站）

数据位定义 供料站位地址	数据意义
M1256	初始态
M1257	运输完成
M1258	运输联机
M1259	运输运行

用于网络通信的数值数据只有一个，即来自触摸屏的频率指令数据传送到输送站后，由主站发送到网络上，供运输站使用。该数据被写入到字数据存储区的 D0 单元内。

十、将液压支架作为从站，编制网络通信程序

1. 任务要求

采煤机主站、液压支架从站、皮带运输机从站的 PLC（3 台）用 FX2N-485-BD 通信板连接，以采煤机作为主站，站号为 0，液压支架从站、皮带运输机作为从站，站号分别为：液压支架从 1 号、皮带运输机 2 号。功能如下：

① 0 号站的 X1～X4 分别对应 1 号站～4 号站的 Y0（注：即当网络工作正常时，按下 0 号站 X1，则 1 号站的 Y0 输出，依此类推）。

② 1 号站～4 号站的 D200 的值等于 50 时，对应 0 号站的 Y1，Y2，Y3，Y4 输出。

③ 从 1 号站读取 4 号站的 D220 的值，保存到 1 号站的 D220 中。

2. 连接网络和编写、调试程序

连接好通信口，编写主站程序和从站程序，在编程软件中进行监控，改变相关输入点和数据寄存器的状态，观察不同站的相关量的变化，看现象是否符合任务要求，如果符合说明完成任务，不符合检查硬件和软件是否正确，修改重新调试，直到满足要求为止。如图 2-2-97 所示。

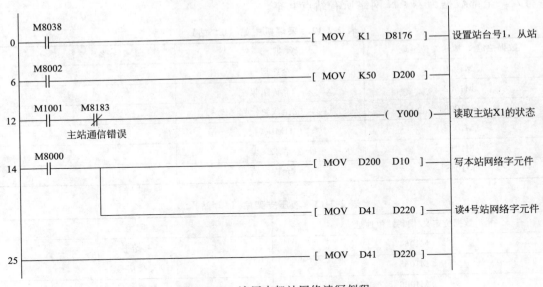

图 2-2-97　液压支架站网络读写例程

十一、将皮带运输机作为从站，编制网络通信程序

皮带运输机的主要工作过程是运输控制。应在上电后，首先进行初始状态的检查，确认系统准备就绪后，按下启动按钮，进入运行状态，才开始运输过程的控制。

系统进入运行状态后，应随时检查是否有停止按钮按下。若停止指令已经发出，则应系统完成一个工作周期回到初始步时，复位运行状态和初始步使系统停止。

运输过程是一个步进顺控程序，编程思路如下：

① 初始步：当检测到物料放置到进料口后，复位高速计数器 C251，并以固定频率启动

变频器驱动电机运转。

② 当物料经过安装传感器的支架时，根据传感器动作与否，决定程序的流向。

③ 根据运输任务要求，在相应的位置把物料推出。如图 2-2-98 所示。

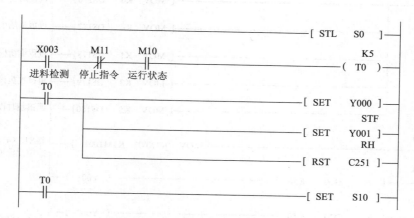

图 2-2-98　皮带运输机编程思路

十二、将采煤机作为主站，编制网络通信程序

1. 任务要求

采煤机主站、液压支架从站、皮带运输机从站的 PLC（35 台）用 FX2N-485-BD 通信板连接，以采煤机作为主站，站号为 0，液压支架从站、皮带运输机作为从站，站号分别为：液压支架从 1 号、皮带运输机 2 号。功能如下：

① 0 号站的 X1～X4 分别对应 1 号站～4 号站的 Y0（注：即当网络工作正常时，按下 0 号站 X1，则 1 号站的 Y0 输出，依此类推）。

② 1 号站～4 号站的 D200 的值等于 50 时，对应 0 号站的 Y1，Y2，Y3，Y4 输出。

③ 从 1 号站读取 4 号站的 D220 的值，保存到 1 号站的 D220 中。

2. 连接网络和编写、调试程序

连接好通信口，编写主站程序和从站程序，在编程软件中进行监控，改变相关输入点和数据寄存器的状态，观察不同站的相关量的变化，看现象是否符合任务要求，如果符合说明完成任务，不符合检查硬件和软件是否正确，修改重新调试，直到满足要求为止。如图 2-2-99 所示。

十三、编制运行、停止及网络故障运行指示灯程序

若设备上电后，准备就绪且处于非运行状态，按下启动按钮后启动运行状态。如图 2-2-100 所示。

设备上电和液气源接通后，若工作单元处于待工作状态，则"正常工作"指示灯 HL1 常亮，表示设备准备好。否则，该指示灯以 1Hz 频率闪烁。

若设备准备好，按下启动按钮，设备启动，"设备运行"指示灯 HL2 常亮。

若在运行中按下停止按钮，则在完成本工作周期任务后，各设备停止工作，HL2 指示灯熄灭，如图 2-2-101 和图 2-2-102 所示。

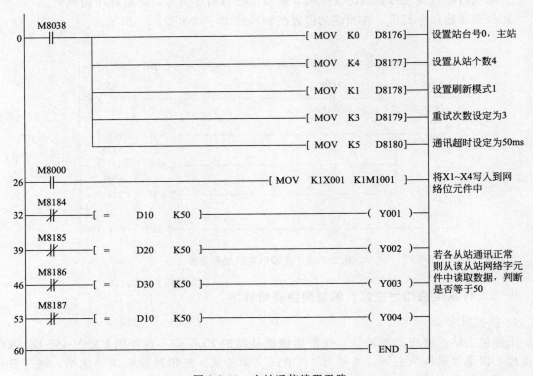

图 2-2-99　主站通信编程思路

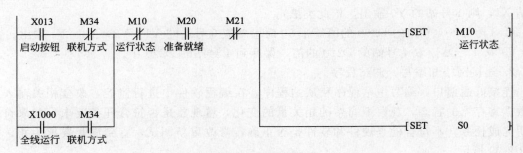

图 2-2-100　启动运行

图 2-2-101　停止运行

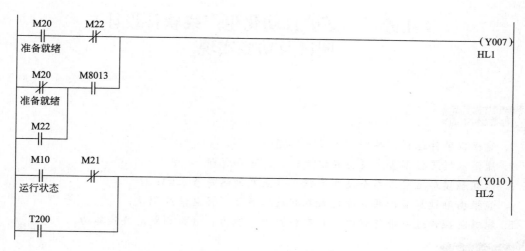

图 2-2-102　指示灯运行

任 务 小 结

本任务对各种常用矿用传感器的工作原理、安装接线方法和识别选用方法做了详细介绍，对 PLC 网络接口模块 RS-232 和 RS-485 的认知和选用及通信特点做了详细说明，重点讲述了 N∶N 型网络的组建方法、安装和调试方法及 N∶N 型网络规划通信数据方法。

传感器是一种检测装置，由敏感元件、转换元件、转换电路组成，能感受到被测量的信息，并能将检测感受到的信息，按一定规律变换成为电信号或其他所需形式的信息输出，以满足信息的传输、处理、存储、显示、记录和控制等要求。通常输入量为非电量，输出量主要是电量，输出与输入有对应关系，且有一定的精确度，完成检测任务。

传感器类型有多种划分方式，有按用途分类、按输出信号为标准分类、按其制造工艺分类、按测量目分类、按作用形式分类等。

在单片机及其计算机系统中，微处理器与外部设备的通信方式一般有并行通信模式与串行通信模式两种。一般可以应用 RS-232 与 RS-485 两种通信模块。用 FX2N、FX2NC、FX1N、FX0N 等 PLC 进行的数据传输可建立在 N∶N 的基础上。N∶N 网络可以建立在 RS-485 传输标准上，网络中必须有一台 PLC 为主站，其他 PLC 为从站，网络中站点的总数不超过 8 个。

习　　题

1. 什么是传感器，由哪几部分组成？
2. 按工作原理划分，有哪几种传感器？每一种传感器的工作原理是什么？
3. 甲烷传感器的功能有哪些？适用于什么环境？
4. 风压传感器的安装和接线方法及调校方法有哪些？
5. 霍尔传感器的灵敏度调节方法是什么？
6. 三菱系列 PLC 可以采用的通信方式有哪些？
7. N∶N 网络连接注意事项有哪些？
8. 什么是网络组建过程？

分任务三 煤矿自动化生产线软件设计、调试及功能实现

任务目标

1. 能根据硬件连接，编制 N∶N 网络通信程序；
2. 能用触摸屏控制各个设备联机运行、停止和复位；
3. 能在触摸屏上显示各个设备运行、停止及网络是否正常；
4. 能根据触摸屏显示的故障现象判断故障位置，并且修改调试；
5. 能够对操作过程进行评价，具有独立思考能力、分析判断与决策能力。

任务描述

将分任务二的煤矿自动化生产线硬件安装及调试好的设备进行软件设计、编程，用触摸屏控制联机调试，并在触摸屏上显示各个设备的运行、停止及网络状态。

1. 各站 PLC 网络连接

系统的控制方式应采用 N∶N 网络的分布式网络控制，并指定采煤机作为系统主站。系统主令工作信号由连接到采煤机 PLC 编程口的触摸屏人机界面提供，但系统紧急停止信号由采煤机单元的按钮/指示灯模块的急停按钮提供。安装在工作桌面上的警示灯应能显示整个系统的主要工作状态，例如复位、启动、停止、报警等。

2. 组态用户界面

用户窗口运行如图 2-2-103 所示。

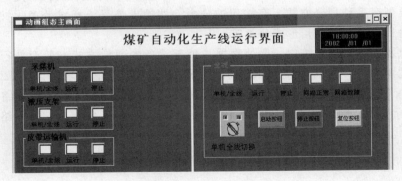

图 2-2-103　运行界面

主窗口界面组态应具有下列功能：

（1）提供系统工作方式（单站/全线）选择信号和系统复位、启动和停止信号。

（2）指示网络的运行状态（正常、故障）。

（3）指示各工作单元的运行、故障状态。

（4）指示全线运行时系统的紧急停止状态。

3. 主程序编制及调试

系统的工作模式分为单站工作和全线运行模式。

　　从单站工作模式切换到全线运行方式的条件是：各工作站均处于停止状态，各站的按钮/指示灯模块上的工作方式选择开关置于全线模式，此时若人机界面中选择开关切换到全线运行模式，系统进入全线运行状态。

　　要从全线运行方式切换到单站工作模式，仅限当前工作周期完成后人机界面中选择开关切换到单站运行模式才有效。

　　在全线运行方式下，各工作站仅通过网络接受来自人机界面的主令信号，除主站急停按钮外，所有本站主令信号无效。

　　(1) 单站运行模式。单站运行模式下，各单元工作的主令信号和工作状态显示信号来自其 PLC 旁边的按钮/指示灯模块。并且，按钮/指示灯模块上的工作方式选择开关 SA 应置于"单站方式"位置。各站的具体控制要求与前面各项目单独运行要求相同。

　　(2) 系统正常的全线运行模式。全线运行模式下各工作站部件的工作步骤如下。

　　① 系统在上电，N∶N 网络正常后开始工作。触摸人机界面上的复位按钮，执行复位操作，在复位过程中，绿色警示灯以 2Hz 的频率闪烁。红色和黄色灯均熄灭。

　　② 复位过程包括：各工作站是否处于初始状态。

　　③ 根据煤矿自动化生产线的控制要求，将采煤机作为主站，编制主程序如图 2-2-104 所示。系统主程序应包括上电初始化、复位过程（子程序）、准备就绪后投入运行、检查及处理急停等阶段，最后判断 M20 是否为 ON。

　　上述程序清单中，先后调用初态检查子程序 P1 和急停处理子程序 P2，前者的功能是检查系统上电后是否在初始状态，如不在初始状态则进行复位操作。后者的功能是：当系统进入运行状态后，检查急停按钮是否按下和进行急停复位的处理，以确定 M20 的状态。在紧急停止状态或系统正处于急停复位后处理的过程，M20 为 OFF，这时主控过程不能进行。仅当急停按钮没有按下或急停复位后的处理已经完成，M20 为 ON，启动一个主控块，块中的顺控过程可以执行。

　　系统上电且按下复位按钮后，就调用初态检查复位子程序，进入初始状态检查和复位操作阶段，目标是确定系统是否准备就绪，若未准备就绪，则系统不能启动进入运行状态。

　　当系统进入运行状态后，在每一扫描周期都调用急停处理子程序。急停处理子程序梯形图如图 2-2-105 所示。急停动作时，主控位 M20 复位，主控制停止执行。

　　4. 主站控制程序的编制

　　采煤机站是煤矿自动化生产线系统中最为重要同时也是承担任务最为繁重的工作单元。主要体现在：①采煤机 PLC 与触摸屏相连接，接收来自触摸屏的主令信号，同时把系统状态信息回馈到触摸屏。②作为网络的主站，要进行大量的网络信息处理。③需完成本单元的，且联机方式下的工艺生产任务与单站运行时略有差异。因此，把采煤机站的单站控制程序修改为联机控制，工作量要大一些。下面着重讨论编程中应予注意的问题和有关编程思路。

　　(1) 内存的配置。为了使程序更为清晰合理，编写程序前应尽可能详细地规划所需使用的内存。前面已经规划了供网络变量使用的内存，存储区的地址范围。在人机界面组态中，也规划了人机界面与 PLC 的连接变量的设备通道。

　　(2) 主程序结构。由于采煤机承担的任务较多，联机运行时，主程序有较大的变动。

　　① 每一扫描周期，须调用网络读写程序和通信子程序。

　　② 完成系统工作模式的逻辑判断，除了采煤机本身要处于联机方式外，必须所有从站都处于联机方式。

③ 联机方式下，系统复位的主令信号，由 HMI 发出。在初始状态检查中，系统准备就绪的条件，除采煤机本身要就绪外，所有从站均应准备就绪。因此，初态检查复位子程序中，除了完成采煤机本站初始状态检查和复位操作外，还要通过网络读取各从站准备就绪信息。

④ 总的来说，整体运行过程仍是按初态检查→准备就绪，等待启动→投入运行等几个阶段逐步进行，但阶段的开始或结束的条件则发生变化。

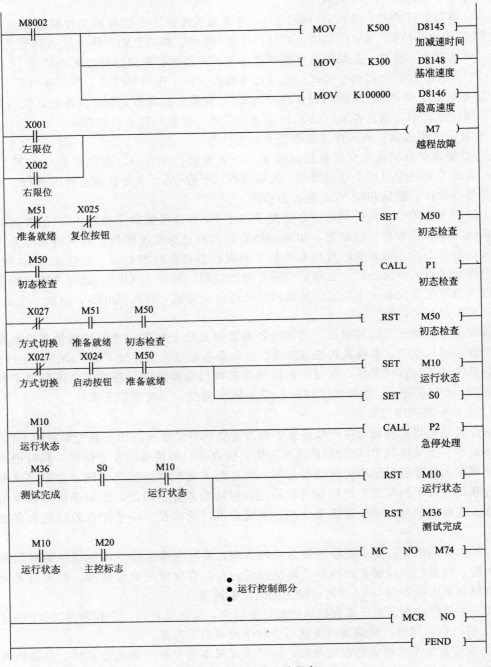

图 2-2-104　部分主站程序

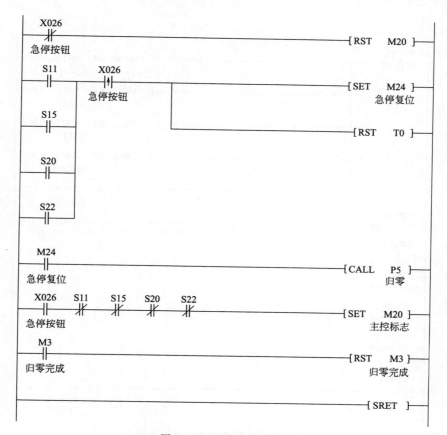

图 2-2-105 急停子程序

⑤ 为了实现急停功能，程序主体控制部分需要放在主控指令中执行，即放在 MC（主控）和 MCR（主控复位）指令间。

以上是主程序编程思路，下面给出主程序清单，如图 2-2-106～图 2-2-110 所示。

上电初始化后即进入初始状态检查阶段，包括主站初始状态检查及复位操作，以及各从站初始状态检查。

（3）"运行控制"程序段的结构。采煤机站联机的工艺过程与单站过程仅略有不同，需修改之处并不多。主要有如下几点。

① 联机方式下，初始步的操作应为：通过网络向采煤机站请求供料，收到采煤机站供料完成信号后，如果没有停止指令，则转移下一步（S10 步）。如图 2-2-111 所示。

② 联机方式下，一个工作周期完成后，返回初始步，如果没有停止指令就开始下一工作周期。

（4）"通信"子程序。"通信"子程序的功能包括从站报警信号处理以及向 HMI 提供各站当前信息。主程序在每一扫描周期都调用这一子程序。

① 报警信号处理：向 HMI 提供网络正常/故障信息。

② 向 HMI 提供各站当前信息。

5. 从站单元控制程序的编制

联机运行情况下的主要变动，一是在运行条件上有所不同，主令信号来自系统通过网络下传的信号；二是各工作站之间通过网络不断交换信号，由此确定各站的程序流向和运行条件。

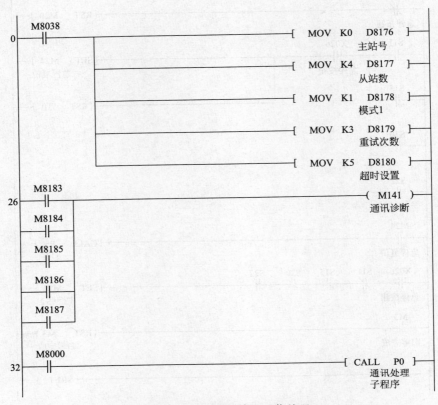

图 2-2-106　网络组建和通信处理

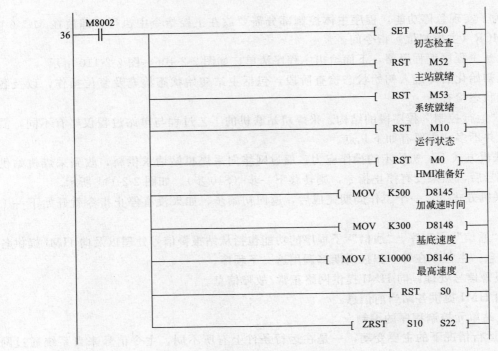

图 2-2-107　上电初始化

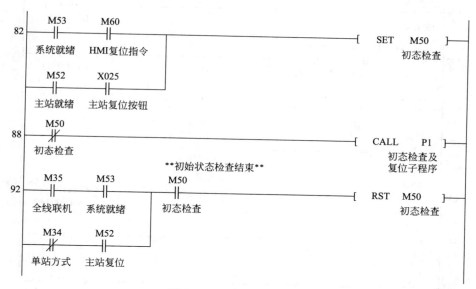

图 2-2-108　初始状态检查

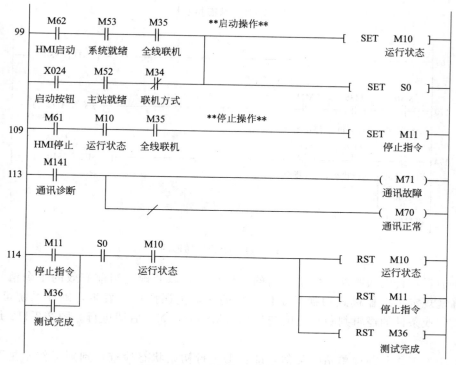

图 2-2-109　系统启动和停止控制

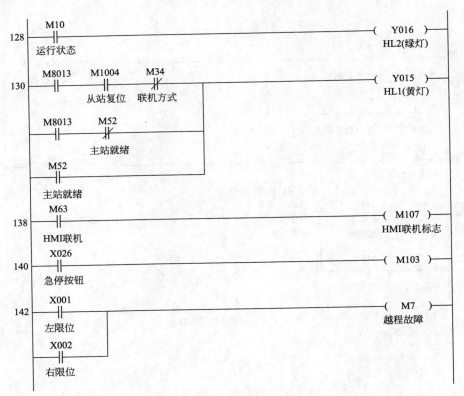

图 2-2-110 状态指示灯

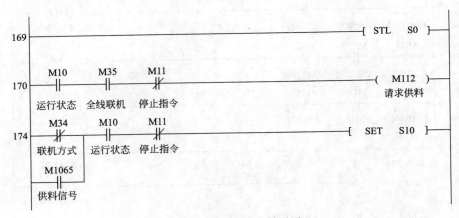

图 2-2-111 初始步梯形图

对于前者，首先须明确工作站当前的工作模式，以此确定当前有效的主令信号。工作任务明确地规定了工作模式切换的条件，目的是避免误操作的发生，确保系统可靠运行。工作模式切换条件的逻辑判断在上电初始化（M8002 ON）后即进行。图 2-2-112 是实现梯形图。

接下来的工作与前面单站时类似，即：①进行初始状态检查，判别工作站是否准备就绪。②若准备就绪，则收到全线运行信号或本站启动信号后投入运行状态。③在运行状态下，不断监视停止命令是否到来，一旦到来即置位停止指令，待工作站的工艺过程完成一个工作周期后，使工作站停止工作。梯形图如图 2-2-113 所示。

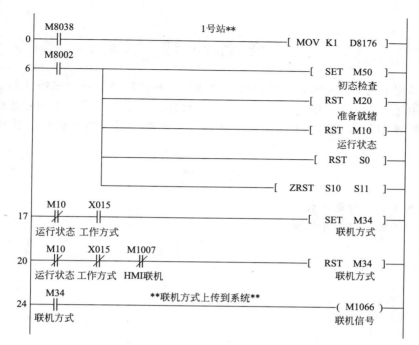

图 2-2-112　工作站初始化和工作方式确定

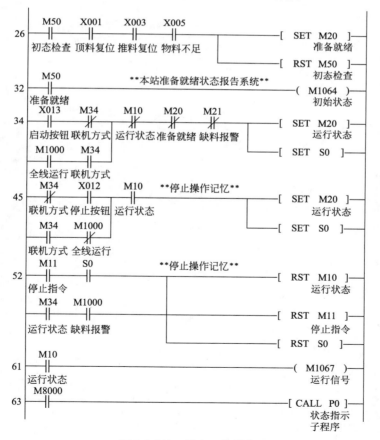

图 2-2-113　停止工作程序

任务小结

　　本任务利用上述知识点对煤矿自动化生产线的主站和从站的程序进行了编制。具体包括工作站初始化和工作方式确定程序、停止工作程序、指示灯程序、上电初始化程序、主站程序和从站程序等内容，通过学习，使读者了解和掌握煤矿自动化生产线程序的编制方法。

习　　题

1. 各站的工作步骤是什么？
2. 主站程序编制包括几部分？

第三篇 任务拓展

任务一 PROFIBUS 技术

任务目标

1. 能够了解现场总线控制系统的组成及特点；
2. 掌握 PROFIBUS 通信方式；
3. 掌握 PROFIBUS 通信协议结构。

任务描述

本任务通过讲述 PROFIBUS 通信技术的特点、协议结构等内容，使读者了解 PROFIBUS 通信技术，学会简单应用。

一、现场总线控制系统（FCS）认知

现场总线控制是工业设备自动化控制的一种计算机局域网络。它是依靠具有检测、控制、通信能力的微处理芯片，数字化仪表（设备）在现场实现彻底分散控制，并以这些现场分散的测量，控制设备单个点作为网络节点，将这些点以总线形式连接起来，形成一个现场总线控制系统。它是属于最底层的网络系统，是网络集成式全分布控制系统，它将原来集散型的 DCS 系统现场控制机的功能，全部分散在各个网络节点处。

二、现场总线控制系统的组成

现场总线控制系统由测量系统、控制系统、管理系统三个部分组成，而通信部分的硬、软件是它最有特色的部分。

（1）现场总线控制系统。

（2）现场总线的测量系统。

（3）设备管理系统。

（4）总线系统计算机服务模式。

（5）数据库。

（6）网络系统的硬件与软件。

三、现场总线控制系统的特点

（1）在功能上管理集中，控制分散，在结构上横向分散、纵向分级。

（2）要有快速实时响应能力，对于工业设备的局域网络，它主要的通信量是过程信息及操作管理信息，信息量不大，传输速率不高在 1Mbps 以下，信息传输任务相对比较简单但其实时响应时间要求较高为 0.01~0.5s。

四、PROFIBUS 通信

ISO/OSI 通信标准模型由七层组成，并分成两类。一类是面向用户的第五层到第七层，另一类是面向网络的第一层到第四层。第一层到第四层描述数据从一个地方传输到另一个地方，第五层到第七层给用户提供适当的方式去访问网络系统。PROFIBUS 是目前国际上通用的现场总线标准之一，采用 ISO/OSI 模型的第一层、第二层和第七层。

PROFIBUS 定义了各种数据设备连接的串行现场总线的技术和功能特性，这些数据设备可以从底层（如传感器、执行器层）到中间层（如车间层）广泛分布。PROFIBUS 连接的系统由主站和从站组成. 主站能控制总线，当主站得到总线控制权时可以主动发送信息；从站为简单的外围设备，典型的从站为传感器、执行器及变送器，它们没有总线控制权，仅对接收到的信息给予回答，或当主站发出请求时回送给该主站相应的信息。因此，从站只需要协议的一小部分，实现起来非常方便。

PROFIBUS 的通信，与 MP 不同之处主要有两点：一是 PROFIBUS 的实现需要编写程序来实现；二是 MPI 每次只传一个数据，这样如果传送大量数据将会很麻烦，而 PROFIBUS 可以一次连续传送大量数据。

1. PROFIBUS 的组成

PROFIBUS 协议由一系列互相兼容的模块组成，根据其应用范围主要有三种模块：PROFIBUS-FMS、PROFIBUS-PA 和 PROFIBUS-DP，所有协议能在同一条总线上混合操作。

（1）PROFIBUS-FMS：为现场的通用通信功能所设计的协议，FMS 提供大量的通信服务，用以完成中等传输速度进行的循环和非循环的通信任务，适用于一般的自动化行业。

（2）PROFIBUS-PA：为过程控制所设计的协议，特别是要求本征安全较高的场合及由总线供电的站点。PROFIBUS-PA 是按照 PNO 所开展的 ISP（InteroPerable　System Project）项目制定的，设备行业规范定义了设备各自的功能，设备描述语言（DDt）及功能块允许对设备进行完全的内部操作。

（3）PROFIBUS-DP：一种经过优化的模块，有较高的数据传输率，适用于系统和外部设备之间的通信，远程 I/O 系统尤为适合。它允许高速度周期性的小批量数据通信，适用于对时间要求苛刻的场合。如加工自动化。

2. PROFIBUS 的协议结构

PROFIBUS 协议结构是根据 ISO7498 国际标准，以 OSI 作为参考模型的。PROFIBUS-DP 定义了第 1、2 层和用户接口。

3. PROFIBUS 的传输技术

由于 DP 与 FMS 系统使用了同样的传输技术和统一的总线访问协议，因而，这两套系统可在同一根电缆上同时操作。

（1）RS-485 传输。RS-485 传输是 PROFIBUS 最常用的一种传输技术。这种技术通常称之为 H2。采用的电缆是屏蔽双绞铜线。RS-485 传输技术有以下特点。

① 全部设备均与总线连接。

② 每个分段上最多可接 32 个站（主站或从站）。

③ 每段的头和尾各有一个总线终端电阻，确保操作运行不发生误差。两个总线终端电阻必须永远有电源。见图 3-1-1。

④ 当分段站超过 32 个时，必须使用中继器用以连接各总线段。串联的中继器一般不超

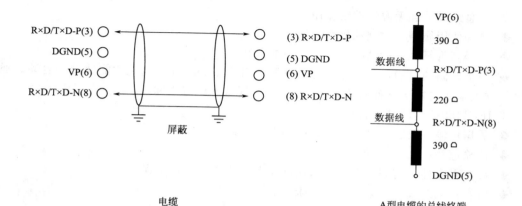

图 3-1-1　PROFIBUD-DP 和 PROFIBUS-FMS 的终端电阻

过 3 个。如图 3-1-2 所示。

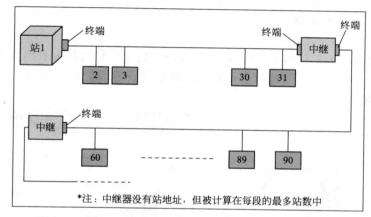

图 3-1-2　PROFIBUD-DP 和 PROFIBUS-FMS 的电缆接线

每个分段上最多可接 32 个站（主站或从站）

⑤ 电缆最大长度取决于传输速率。如使用 A 型电缆，则传输速率如表 3-1-1 所示。

表 3-1-1　A 型电缆传输速率

比特率/（Kbit/s）	9.6	19.2	93.75	187.5	500	1500	12000
距离/段/m	1200	1200	1200	1000	400	200	100

（2）用于 PA 的 IEC1158-2 传输技术。IEC1158-2 传输技术基本特征如下。

① 数据 IEC1158-2 的传输技术用于 PROFIBUS-PA，能满足化工和石油化工业的要求。它可保持其本征安全性，并通过总线对现场设备供电。

② IEC1158-2 是一种位同步协议，通常称为 H1。

③ IEC1158-2 技术用于 PROFIBUS-PA，其传输以下列原理为依据：

◆ 每段只有一个电源作为供电装置。

◆ 当站收发信息时，不向总线供电。

◆ 每站现场设备所消耗的为常量稳态基本电流。

◆ 现场设备其作用如同无源的电流吸收装置。

◆ 主总线两端起无源终端线作用。

◆ 允许使用线型、树型和星型网络。

◆ 为提高可靠性，设计时可采用冗余的总线段。

◆ 为了调制的目的，假设每个总线站至少需用 10mA 基本电流才能使设备启动。通信信号的发生是通过发送设备的调制，从 ±9 mA 到基本电流之间。

④ IEC1158-2 传输技术特性：

◆ 数据传输：数字式、位同步、曼彻斯特编码。

◆ 传输速率：31.25Kbit/s，电压式。

◆ 数据可靠性：前同步信号，采用起始和终止限定符避免误差。

◆ 电缆：双绞线，屏蔽式或非屏蔽式。

◆ 远程电源供电：可选附件，通过数据线。

◆ 防爆型：能进行本征及非本征安全操作。

◆ 拓扑：线型或树型，或两者相结合。

◆ 站数：每段最多 32 个，总数最多为 126 个。

◆ 中继器：最多可扩展至 4 台。

IEC1158 传输设备安装要点如下。

① 分段耦合器将 IEC1158-2 传输技术总线段与 RS-485 传输技术总线段连接。耦合器使 RS-485 信号与 IEC1158-2 信号相适配。它们为现场设备的远程电源供电，供电装置可限制 IEC1158-2 总线的电流和电压。

② PROFIBUS-PA 的网络拓扑有树型和线型结构，或是两种拓扑的混合，如图 3-1-3 所示。

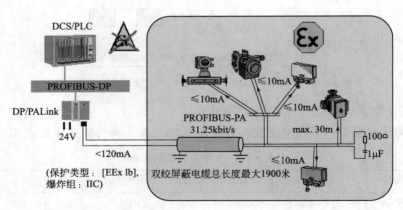

现场设备供电：Ex区：max.10　Non-Ex 区：max. 30

图 3-1-3　PROFIBUS-PA 的网络拓扑

③ 现场配电箱仍继续用来连接现场设备并放置总线终端电阻器。采用树型结构时连在现场总线分段的全部现场设备都并联地接在现场配电箱上。

（3）光纤传输技术。

① PROFIBUS 系统在电磁干扰很大的环境下应用时，可使用光纤导体，以增加高速传输的距离。

② 可使用两种光纤导体，一是价格低廉的塑料纤维导体，供距离小于 50m 情况下使用。另一种是玻璃纤维导体，供距离大于 1km 情况下使用。

③ 许多厂商提供专用总线插头可将 RS-485 信号转换成光纤导体信号或将光纤导体信号转换成 RS-485 信号。

4. PROFIBUS 总线存取协议

三种 PROFIBUS（DP、FMS、PA）均使用一致的总线存取协议。该协议是通过 OSI 参考模型第二层（数据链路层）来实现的。它包括了保证数据可靠性技术及传输协议和报文处理。在 PROFIBUS 中，第二层称之为现场总线数据链路层（Fieldbus Data Link—FDL）。介质存取控制（Medium Access Control—MAC）具体控制数据传输的程序，MAC 必须确保在任何一个时刻只有一个站点发送数据。PROFIBUS 协议的设计要满足介质存取控制的两个基本要求：

① 在复杂的自动化系统（主站）间的通信，必须保证在确切限定的时间间隔中，任何一个站点要有足够的时间来完成通信任务。

② 在复杂的程序控制器和简单的 I/O 设备（从站）间通信，应尽可能快速又简单地完成数据的实时传输。

PROFIBUS 总线存取协议有以下三种系统配置：

① 纯主-从系统；

② 纯主-主系统；

③ 混合系统。

5. PROFIBUS-DP 基本功能

PROFIBUS-DP 用于传感器及驱动器等现场设备级的高速数据传送，主站周期地读取从站的输入信息并周期地向从站发送输出信息。总线循环时间必须要比主站（PLC）程序循环时间短。除周期性用户数据传输外，PROFIBUS-DP 还提供智能化设备所需的非周期性通信以进行组态、诊断和报警处理。

（1）PROFIBUS-DP 基本特征。采用 RS-485 双绞线、双线电缆或光缆传输，传输速率从 9.6kbps 到 12Mbps。各主站间令牌传递，主站与从站间为主-从传送。支持单主或多主系统，总线上最多站点（主-从设备）数为 126。采用点对点（用户数据传送）或广播（控制指令）通信。循环主-从用户数据传送和非循环主-主数据传送。控制指令允许输入和输出同步。同步模式为输出同步；锁定模式为输入同步。

每个 PROFIBUS-DP 系统包括三种类型设备：第一类 DP 主站（DPM1）、第二类 DP 主站（DPM2）和 DP 从站。DPM1 是中央控制器，它在预定的周期内与分散的站（如 DP 从站）交换信息。典型的 DPM1 如 PLC、PC 等；DPM2 是编程器、组态设备或操作面板，在 DP 系统组态操作时使用，完成系统操作和监视目的；DP 从站是进行输入和输出信息采集和发送的外围设备，是带二进制值或模拟量输入输出的 I/O 设备、驱动器、阀门等。

经过扩展的 PROFIBUS-DP 诊断能对故障进行快速定位。诊断信息在总线上传输并由主站采集。诊断信息分 3 级：本站诊断操作，即本站设备的一般操作状态，如温度过高、压力过低；模块诊断操作，即一个站点的某具体 I/O 模块故障；通道诊断操作，即一个单独输入/输出位的故障。

（2）PROFIBUS-DP 系统配置和设备类型。在同一总线上最多可连接 126 个站点。系统配置的描述包括：站数、站地址、输入/输出地址、输入/输出数据格式、诊断信息格式及所使用的总线参数。PROFIBUS-DP 允许构成单主站或多主站系统。每个 PROFIBUS-DP 系统可包括以下五种不同类型设备。

① 一级 DP 主站（DPM1）：一级 DP 主站是中央控制器，它在预定的信息周期内与分

散的站（如 DP 从站）交换信息。典型的 DPM1 如 PLC 或 PC。

② 二级 DP 主站（DPM2）：二级 DP 主站是编程器、组态设备或操作面板，在 DP 系统组态操作时使用，完成系统操作和监视目的。

③ DP 从站：DP 从站是进行输入和输出信息采集和发送的外围设备（I/O 设备、驱动器、HMI、阀门等）。

④ 单主站系统：在总线系统的运行阶段，只有一个活动主站。

⑤ 多主站系统：总线上连有多个主站。这些主站与各自从站构成相互独立的子系统。每个子系统包括一个 DPM1、指定的若干从站及可能的 DPM2 设备。任何一个主站均可读取 DP 从站的输入/输出映象，但只有一个 DP 主站允许对 DP 从站写入数据。

PROFIBUS-DP 单主站系统中，在总线系统运行阶段，只有一个活动主站。

PROFIBUS-DP 多主站系统中总线上连有多个主站。总线上的主站与各自从站构成相互独立的子系统。任何一个主站均可读取 DP 从站的输入/输出映像，但只有一个 DP 主站允许对 DP 从站写入数据。

（3）PROFIBUS-DP 系统行为。系统行为主要取决于 DPM1 的操作状态，这些状态由本地或总线的配置设备所控制。主要有以下三种状态：

◆ 停止：在这种状态下，DPM1 和 DP 从站之间没有数据传输。

◆ 清除：在这种状态下，DPM1 读取 DP 从站的输入信息并使输出信息保持在故障安全状态。

◆ 运行：在这种状态下，DPM1 处于数据传输阶段，循环数据通信时，DPM1 从 DP 从站读取输入信息并向从站写入输出信息。

① DPM1 设备在一个预先设定的时间间隔内，以有选择的广播方式将其本地状态周期性地发送到每一个有关的 DP 从站。

② 如果在 DPM1 的数据传输阶段中发生错误，DPM1 将所有有关的 DP 从站的输出数据立即转入清除状态，而 DP 从站将不再发送用户数据。在此之后，DPM1 转入清除状态。

（4）DPM1 和 DP 从站间的循环数据传输。DPM1 和相关 DP 从站之间的用户数据传输是由 DPM1 按照确定的递归顺序自动进行的。在对总线系统进行组态时，用户对 DP 从站与 DPM1 的关系作出规定，确定哪些 DP 从站被纳入信息交换的循环周期，哪些被排斥在外，如图 3-1-4 所示。

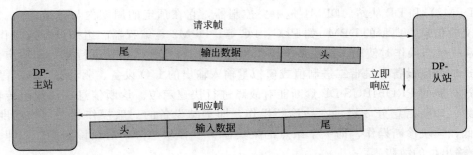

图 3-1-4 PROFIBUS-DP 用户数据传输

DPM1 和 DP 从站间的数据传送分三个阶段：参数设定、组态、数据交换。在参数设定阶段，每个从站将自己的实际组态数据与从 DPM1 接受到的组态数据进行比较。只有当实际数据与所需的组态数据相匹配时，DP 从站才进入用户数据传输阶段。因此，设备类型、数据格式、长度以及输入输出数量必须与实际组态一致。

　　（5）DPM1 和系统组态设备间的循环数据传输。除主-从功能外，PROFIBUS-DP 允许主-主之间的数据通信，这些功能使组态和诊断设备通过总线对系统进行组态。

　　（6）同步和锁定模式。除 DPM1 设备自动执行的用户数据循环传输外，DP 主站设备也可向单独的 DP 从站、一组从站或全体从站同时发送控制命令。这些命令通过有选择的广播命令发送的。使用这一功能将打开 DP 从站的同步及锁定模式，用于 DP 从站的事件控制同步。

　　主站发送同步命令后，所选的从站进入同步模式。在这种模式中，所编址的从站输出数据锁定在当前状态下。在这之后的用户数据传输周期中，从站存储接收到输出的数据，但它的输出状态保持不变；当接收到下一同步命令时，所存储的输出数据才发送到外围设备上。用户可通过非同步命令退出同步模式。

　　锁定控制命令使得编址的从站进入锁定模式。锁定模式将从站的输入数据锁定在当前状态下，直到主站发送下一个锁定命令时才可以更新。用户可以通过非锁定命令退出锁定模式。

　　（7）保护机制。对 DP 主站 DPM1 使用数据控制定时器对从站的数据传输进行监视。每个从站都采用独立的控制定时器。在规定的监视间隔时间中，如数据传输发生差错，定时器就会超时。一旦发生超时，用户就会得到这个信息。如果错误自动反应功能"使能"，DPM1 将脱离操作状态，并将所有关联从站的输出置于故障安全状态，并进入清除状态。

　　对 DP 从站使用看门狗控制器检测主站和传输线路故障。如果在一定的时间间隔内发现没有主机的数据通信，从站自动将输出进入故障安全状态。

　　6. 扩展 DP 功能

　　DP 扩展功能是对 DP 基本功能的补充，与 DP 基本功能兼容。

　　（1）DPM1 与 DP 从站间的扩展数据通信。

　　① DPM1 与 DP 从站间非循环的数据传输。

　　② 带 DDLM 读和 DDLM 写的非循环读/写功能，可读写从站任何希望数据。

　　③ 报警响应，DP 基本功能允许 DP 从站用诊断信息向主站自发地传输事件，而新增的 DDLM-ALAM-ACK 功能被用来直接响应从 DP 从站上接收的报警数据。

　　④ DPM2 与从站间的非循环的数据传输。

　　（2）电子设备数据文件（GSD）。为了将不同厂家生产的 PROFIBUS 产品集成在一起，生产厂家必须以 GSD 文件（电子设备数据库文件）方式提供这些产品的功能参数（如 I/O 点数、诊断信息、波特率、时间监视等）。标准的 GSD 数据将通信扩大到操作员控制级。使用根据 GSD 文件所作的组态工具可将不同厂商生产的设备集成在同一总线系统中。

　　GSD 文件可分为三个部分：

　　① 总规范：包括了生产厂商和设备名称、硬件和软件版本、波特率、监视时间间隔、总线插头指定信号。

　　② 与 DP 有关的规范：包括适用于主站的各项参数，如允许从站个数、上装/下装能力。

　　③ 与 DP 从站有关的规范：包括了与从站有关的一切规范，如输入/输出通道数、类型、诊断数据等。

任 务 小 结

　　本任务是扩展内容，重点讲述 PROFIBUS 技术，包括现场总线控制系统（FCS）认知、现场总线控制系统的组成、现场总线控制系统的特点，通过学习，使读者了解 PROFIBUS 技术特点和通信方式。

　　现场总线控制是工业设备自动化控制的一种计算机局域网络。它是依靠具有检测、控制、通信能力的微处理芯片，数字化仪表（设备）在现场实现彻底分散控制，并以这些现场分散的测量，控制设备单个点作为网络节点，将这些点以总线形式连接起来，形成一个现场总线控制系统。

习　　题

1. 什么是现场总线控制系统？
2. 现场总线控制系统有几部分组成，分别是什么？
3. 现场总线控制系统的特点有哪些？

任务二　PROFIBUS 在煤矿胶带机上的应用

任务目标

1. 掌握 PROFIBUS 在煤矿胶带机上应用的硬件组成、网络结构及能实现的功能；
2. 掌握 PROFIBUS 通信技术；
3. 学会 PROFIBUS 的简单应用。

任务描述

本任务通过讲述 PROFIBUS 在煤矿胶带机上应用的硬件组成、网络结构和系统实现的功能等内容，使读者了解 PROFIBUS 通信技术、学会简单应用。

一、系统硬件

以现场总线和分布式 I/O 为主的控制结构。开放式现场总线技术的使用，不仅能使不同供货商的设备共存于一个总线系统中，而且还能简化布线，加快信息在数字网络上的传播。

1. 主站 PLC 控制器

主站 PLC 控制器采用两套 SIEMENS S7-300 系列 PLC，加装 OLM 链接模块接入井下 PROFIBUS 网。

通过西门子 S7-300 系列 PLC 采集和控制模块对设备和现场仪表进行采集和控制，并把信号通过 PROFIBUS 总线与 CPU 处理器连接，由 CPU 处理器完成处理后，再通过以太网与工控机连接；本系统有两套完全独立的 CPU 处理系统，通过 IM153-2 分别与远程的 I/O 模块通过 PROFIBUS 总线通信，当一套发生故障时，备用系统自动投入运行。

2. 分站 PLC 控制器

分站控制系统也建立在 PROFIBUS 现场总线基础上，由 ET 200s 分布式 I/O 组成，通过西门子专用的 ET 200s Profinet 光纤接口模块进行网络连接。同时可连接小型人机界面触摸屏，用于现场监视系统的运行。

安全模块分布于各个 ET 200s 从站内，通过 IM151HF 接口模块与主站 416F-2 进行安全通信。

分布式 I/O SIMATIC ET 200s 主要产品包括：ET 200s Profinet 光纤接口模块、ET 200s 高密度数字量模块、ET 200s Profinet 光纤接口模块。

光纤 Profinet 网络适用于对 EMC 有更高要求的场合，并提供预防性检修功能。通过 ET 200s Profinet 光纤接口模块，SIMATIC ET 200s 产品家族可以直接连接到一个光纤 Profinet 网络上。

3. 工业控制用计算机

控制计算机采用研华工业专用机器，具有质量可靠、持续运行时间长等特点。控制中心采用双机同步运行，双机冗余，确保安全运行。

监控软件采用西门子 WINCC 6.0 编写。软件可靠性高。

4. PLC 就地控制柜

PLC 就地控制柜安放在主斜井运输机房。

电气柜内安放有 PLC、开关电源、通信模块、指示灯、接线端子等。柜体表面有本地远程切换按钮、电源指示、运行指示、故障报警蜂鸣器等。

5. 井下 PLC 控制分站

控制台内部装有西门子可编程控制器（PLC）及相关器件，外部装有各种操作按钮、指示灯等。电源开关位于控制分站的右侧，需要按住开关下部的按钮，同时拨动开关，注意开关方向。

① 本地：点动按钮，按下之后，控制系统切换到本地控制方式，这时可通过按"单动"按钮动皮带。

② 远控：点动按钮，按下之后，控制系统切换到远控控制方式，切换到集控系统控制带式输送机的启停。

③ 复位：点动按钮，当系统出现故障，故障指示灯（红灯）亮起时，若确定故障已经排除，可按下此按钮进行故障复位（集控上位机也可进行复位操作）。

④ 单动：在本地控制方式时，可通过本按钮启动皮带，这时皮带与前后设备无联锁控制。

⑤ 急停：点动按钮，紧急时按下，对应带式输送机紧急停车，在集控状态和本地状态时都可使用。

⑥ 远控灯：当系统处于集中控制方式时点亮。

⑦ 故障灯：系统出现报警时点亮。

6. 控制操作台

控制操作台安放于主斜井运输机房，操作台上配备集控计算机和打印机等设备。

集控计算机是集中控制系统的核心控制部件，所以控制范围的设备均通过该计算机进行启停控制。

打印机用于打印生产过程中的报表。可自动打印或者人工选择性打印。

7. 信号继电器转换箱

每个 PLC 控制分站各配一个信号继电器转换箱，用于新老系统（集控系统与 KJD5 控制器）之间的切换。

信号继电器转换箱内安装有数个继电器，4 开 4 闭型。传感器信号和设备启动、返回信号均经过信号继电器转换箱进行转换，分别通向 KJD5/KJD2002 控制器和集控系统控制器。

8. 通信模块

KOM200 系列数据光收发器主要完成 RS-232、RS-485、RS-422 低速率信号的光电转换，可以工作在严酷的工业环境中，适合在恶劣的温度环境中使用，为工业控制系统联网提供可靠基础，特别适合银行、电力、工厂及对电磁干扰环境有特殊要求的部门和系统。产品特点如下：

① 提供一路 RS-232 接口或一路 V.24 接口或一路 RS-485 接口或一路 RS-422 接口；

② 全透明通信，用户无须任何调试，即插即用；

③ 独有的串口保护电路，支持带电热插拔；

④ 一体化光收发模块，输出光功率稳定可靠；

⑤ 传输两端完全绝缘抗电磁干扰、地环干扰和雷电破坏；

⑥ 标准的 DIN 卡轨安装方式和采用托板式固定在机架式上；

⑦ 可以组成单纤环。

每条胶带分别设置一套控制分站，在原有皮带机电控系统的基础上增加远程控制子站，完成整个系统的数据采集、设备控制、信息传输及网络通信。子站采用西门子专用的 ET 200s Profinet 光纤接口模块，通过光纤接入 PROFIBUS 网络，实现与主站的连接。子站的模块无需编程，可直接受控于主站。控制系统能够在线诊断，并且其控制程序可在控制主机上在线调整。

二、网络结构

系统主要运用到工业以太网、PROFIBUS 总线方式、光纤传输等新兴的技术，以保证系统良好的扩展能力和兼容性。

1. 工业以太网

工业以太网是基于 IEEE 802.3（Ethernet）的强大的区域和单元网络。利用工业以太网，SIMATIC NET 提供了一个无缝集成到新的多媒体世界的途径。一个典型的工业以太网络环境主要包括：网络计算机、智能终端、控制 PLC、工业以太网交换机等部件。

2. 通信介质普通双绞线

工业以太网主要应用于生产和过程自动化。继 10M 波特率以太网成功运行之后，具有交换功能，全双工和自适应的 100M 波特率快速以太网（Fast Ethernet，符合 IEEE 802.3u 的标准）也已成功运行多年。采用何种性能的以太网取决于用户的需要。通用的兼容性允许用户无缝升级到新技术。

现场总线采用 PROFIBUS 网。PROFIBUS 是一种国际化、开放式、不依赖于设备生产商的现场总线标准。广泛适用于制造业自动化、流程工业自动化和楼宇、交通电力等其他领域自动化。

任 务 小 结

本任务对 PROFIBUS 在煤矿胶带机上的应用的硬件组成、网络结构和系统功能进行了描述。使读者可以了解 PROFIBUS 技术的强大功能。

习 题

1. PROFIBUS 在煤矿胶带机上应用时系统的硬件有几部分组成，各是什么？
2. PROFIBUS 在煤矿胶带机上应用时系统的网络结构是什么？
3. PROFIBUS 在煤矿胶带机上应用时系统的功能是什么？

参 考 文 献

[1] 肖朋生，王建辉. 变频器及其控制技术. 北京：机械工业出版社，2008.

[2] 吕景泉. 自动化生产线安装与调试. 第 2 版. 北京：中国铁道出版社，2009.

[3] 张同苏. 自动化生产线安装与调试（三菱 FX 系列）北京：中国铁道出版社，2010.

[4] 徐世许. 可编程序控制器原理·应用·网络. 合肥：中国科学技术大学出版社，2008.

[5] 黄成玉，张旭珍. 矿用系列传感器特性分析. 科技信息，2010 年 34 期.

[6] 李冬梅，黄元庆等. 几种常见气体传感器的研究进展. 传感器世界，2006 年第 1 期.

[7] 周志敏，纪爱华. Profibus 总线系统设计与应用. 北京：中国电力出版社，2009.